食品加工技术及其应用

刘 猛 著

吉林科学技术出版社

图书在版编目（CIP）数据

食品加工技术及其应用 / 刘猛著. -- 长春 : 吉林科学技术出版社, 2023.8

ISBN 978-7-5744-0931-6

①I. ①食… II. ①刘… III. ①食品加工 IV. TS205

中国国家版本馆CIP数据核字（2023）第201207号

食品加工技术及其应用

著　　者　刘　猛
出 版 人　宛　霞
责任编辑　王凌宇
封面设计　树人教育
制　　版　树人教育
幅面尺寸　185mm×260mm
开　　本　16
字　　数　260千字
印　　张　11.75
印　　数　1-1500册
版　　次　2023年8月第1版
印　　次　2024年2月第1次印刷

出　　版　吉林科学技术出版社
发　　行　吉林科学技术出版社
地　　址　长春市南关区福祉大路5788号出版大厦A座
邮　　编　130118
发行部电话/传真　0431—81629529　81629530　81629531
81629532　81629533　81629534
储运部电话　0431—86059116
编辑部电话　0431—81629520
印　　刷　三河市嵩川印刷有限公司

书　　号　ISBN 978-7-5744-0931-6
定　　价　85.00元

前 言

为了加强高等院校食品加工的教学和科研，进一步规范食品加工技术的教学内容，在拟定食品加工技术大纲时，本着课程内容与行业标准对接、服务于企业的原则，创新编写模式，突出教材的适用性。按照学生的认知规律，合理安排教材内容。在编写过程中，注重利用照片辅助讲解知识点和技能点，激发学生的学习兴趣。

本书首先讲述了食品的相关概念，其次介绍了休闲食品加工、典型食品生产线及机器设备，接着研究了干燥与浓缩技术，最后对加工类食品贮藏做出了探讨。本书可供食品加工领域的技术人员及专业学生学习、参考。

本书在编写过程中借鉴了一些专家学者的研究成果和资料，在此特向他们表示感谢。由于编写时间仓促，编写水平有限，不足之处在所难免，恳请专家和广大读者提出宝贵意见，予以批评指正，以便改进。

目 录

第一章　绪论

第一节　食品概念

一、食物

食物是指可供食用的物质，是人体生长发育、更新细胞、修补组织、调节机能必不可少的营养物质，也是产生热量、保持体温、进行体力活动的能量来源，主要来自动物、植物、微生物等，是人类生存和发展的重要物质基础。

食品加工原料的来源广泛、品种众多，有植物性原料，如谷物、玉米、豆类、薯类、水果、蔬菜等；有动物性原料，如家禽、畜产、水产以及蛋类和乳类等；有微生物来源，如菇类、菌类、藻类、单细胞蛋白等；还有化学合成原料，如食品添加剂等。食品原料的特点决定了食品不同的加工工艺和设备选型，这些特点主要表现在如下方面。

（一）有生命活动

食品原料大多是活体，如蔬菜、水果、坚果等植物性原料在采收或离开植物母体之后仍具有生命活动；动物屠宰后，健康动物的血液和肌肉通常是无菌的，肉类的腐败实际上是由外界感染的微生物在其表面繁殖所致。

（二）季节性和地区性

许多食品原料的生长、采收等都严格受季节的影响，不适时的原料一般品质差，会影响质量和销售价格。原料的生长受到自然环境的制约，不同种类的原料要求有不同的生长环境。同一种原料，由于生态环境的不同，其生长期、收获期、原料品质等也有一定差异。

（三）复杂性

原料的种类很多，种类和品种不同，其构造、形状、大小、化学组成等各异。此外，食物化学成分多，除营养成分外，还有其他几十种到上千种的化合物；食品成分既有相对分子质量成千上万的大分子，也有几十到几百的小分子，既有有机物，又有无机物；食物体系复杂，有胶体、固体、液体、气体（如碳酸饮料的 CO_2）等。

（四）易腐性

食物因含有大量的营养物质，同时又富含水分，因此极易腐败变质，尤其受到机械损伤后的果蔬更易腐烂。在食品加工中，肉类、大多数水果和部分蔬菜属于极易腐败原料，贮藏期为 1 天到 2 周；柑橘、苹果和大多数块根类蔬菜属于中等腐败原料，贮藏期为 2 周到 2 月；谷物、豆类、种子和无生命的原料如糖、淀粉和盐等由于含水量较低，属于不易腐败原料，贮藏期可达到两个月以上。

早期人类饮食的方式主要是生食。在长期的进化中，除其中一些食物如水果、蔬菜等可供直接食用外，对于粮食、肉类等食物，人类学会了烧、烤、煮等处理后才食用。到了现代，人类更加懂得并有目的地对食物进行相应的处理，这些处理包括将食物挑拣、清洗或进行加热、脱水、调味、配制等加工，经过这些处理后就得到相应的产品或称为成品，这种产品既可以满足消费者的饮食需求，又可以使食物便于贮藏而不易腐败变质。食物经过不同的配制和各种加工处理，从而形成了形态、风味、营养价值各不相同，花色品种各异的加工产品，这些经过加工制作的食物统称为食品。

二、食品

按照《中华人民共和国食品安全法》用语含义，食品是指“各种供人食用或者饮用的成品和原料以及按照传统既是食品又是中药材的物品，但是不包括以治疗为目的的物品”。该定义明确了食品和药品的区别。食品往往是指经过处理或加工制成的作为商品可供流通用的食物，包括成品和半成品。食品作为商品的最主要特征是每种食品都有其严格的理化和卫生标准，它不仅包括可食用的内容物，还包括为了流通和消费而采用的各种包装方式和内容（形体）以及销售服务。食品应具有的基本特征如下。

1. 食品固有的形态、色泽及合适的包装和标签；
2. 能反映该食品特征的风味，包括香味和滋味；
3. 合适的营养构成；
4. 符合食品安全要求，不存在生物性、化学性和物理性危害；
5. 有一定的耐贮藏、运输性能（有一定的货架期或保鲜期）；

6. 方便使用。

如图 1-1 所示，以猕猴桃为原料，经干制后可制成猕猴桃片，经预处理、榨汁、过滤、均质、杀菌和罐装等处理后可制得猕猴桃汁。

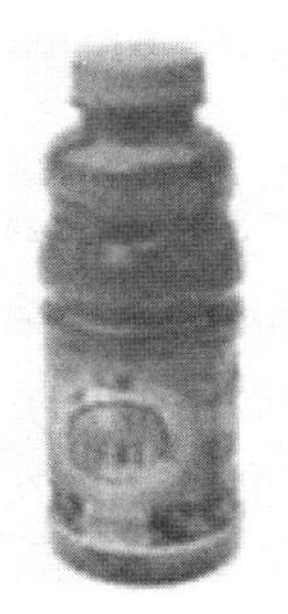

图 1–1　以猕猴桃为原料加工制作的猕猴桃片和猕猴桃汁

三、食品加工

改变食品原料或半成品的形状、大小、性质或纯度，使之符合食品的各种操作称之为食品加工。作为制造业的一个分支，食品加工从动物、蔬菜、水果或海产品等原料开始，利用劳动力、机器、能量及科学知识，把它们转变成成品或可食用的产品。食品加工能够满足消费者对食品的多样化需求，延长食品的保存期，提高原料的附加值。随着科技的发展，现代食品加工是指对可食资源的技术处理，以保持和提高其可食性和利用价值，开发适合人类需求的各种食品和工业产物的全过程。

大多数食品加工操作通过减少或消除微生物活性而延长产品的货架期，确保安全性要求，同时，大多数食品加工操作会影响产品的物理和感官特性。食品加工的主要方式有：

1. 增加热能和提高温度，如巴氏杀菌、商业灭菌等处理；
2. 减少热能或降低温度，如冷藏、冻藏等处理；
3. 除去水分或降低水分，如干燥、浓缩等处理；
4. 利用包装来维持通过加工操作建立的理想的产品特性，如气调包装和无菌包装技术的应用。

四、食品工业

食品加工以商业化或批量甚至于大规模生产食品，就形成了相应的食品加工产业。食品工业是主要以农业、渔业、畜牧业、林业或化学工业的产品或半成品为原料，制造、提取、加工成食品或半成品，具有连续而有组织的经济活动工业体系。食品工业不仅能为社会提供日常生活最急需的物品，也是改善提高国民体质的重要基础，充足的食品供给才能带来社会的稳定。食品工业具有投资少、建设周期短、收效快的特点。食品工业是我国国民经济的支柱产业，也是世界各国的主要工业。当前，我国食品工业总产值在工业部门中所占的比重位居第一，食品工业已成为国计民生的基础工业。

2020 年，全国食品工业总产值超过 20 万亿元。在取得一系列成绩的同时，我们清醒地认识到，我国食品加工业总产值在整个食品工业总产值中仅占 10% 左右，而发达国家食品加工业在食品工业总产值中要占到 30%，这说明我国的食品加工业还有相当大的发展潜力。

第二节　食品的功能与质量

一、食品的功能

民以食为天，在物质丰富和生活水平不断提高的今天，人类的饮食不仅仅是为了吃饱，还要吃得健康。

食品对人类所发挥的作用可称为食品的功能。最初人们食用食物的目的是解除饥饿。当吃得饱后，便又开始重视色、香、味等食品的附加价值；而一旦吃得过好后，造成营养过剩，于是又再希望由食品上得到保持身体健康的物质。因而，由此观念发展出食品的功能如下所述。

（一）营养功能

食品是人类为满足人体营养需求的最重要的营养源，为人体活动提供化学能和生长所需的化学成分，从而维持人类的生存，这就是食品的营养功能，也是食品最基本的功能。

食品中的营养成分主要有蛋白质、碳水化合物、脂肪、维生素、矿物质、膳食纤维。此外，水和空气也是人体新陈代谢过程中必不可少的物质。一般在营养学中水被列为营养素，但食品加工中不将其视为营养素。

食品的价值通常是指食品中的营养素种类及其质和量的关系。食品中含有一定量的人体所需的营养素，含有较多营养素且质量较高的食品，则其营养价值较高。食品的最终营养价值不仅取决于营养素的全面和均衡，而且还体现在食品原料的获得、加工、贮藏和生产过程中的稳定性和保持率等方面，以及营养成分的生物利用率方面。

（二）感官功能

消费者对食品的需求不仅仅满足于吃饱，还要求在饮食的过程中同时满足视觉、触觉、味觉、听觉等感官方面的需求。赋予食物色、香、味、触觉的感官功能，主要包括外观、质地、风味等项目。不仅仅是出于对消费者享受的需求，而且也有助于促进食品的消化吸收。诱人的食品可以引起消费者的食欲和促进人体消化液的分泌，食品的第二功能直接影响消费者的购买意愿。

在当今现代化生活中，许多传统食品的加工生产，其原始目的已不再是提高保藏期，而是提供给消费者某些特殊风味，满足消费者的感官需求成为其首要目的。例如烟熏食品，过去一直用于保藏，现在已成为一种生产特殊风味制品的加工方法，在一些北欧地区，消费者品尝烟熏鱼只是作为消费鲜鱼的情况下换一种口味的尝试；在英国，熏鱼加工只是为了满足喜欢冒险的消费者的口味爱好，而不是为了保藏。

常见提高食品感官功能的方式包括：加工产品时常添加各种色素，可促进食欲；添加香料，以提供香味；而一些常用调味料如食盐、糖、味精，以及各种发酵酱料，主要提供味道；食用如薯片、休闲点心等干燥食品时，入口酥脆的口感，提供触觉。

（三）保健功能

食品保健功能是指调节生理机能的特性。长期以来的医学研究证明，饮食与健康有着密切的关系，某些消费者由于摄入的能量过多或营养不当，而引起肥胖、高血脂、高血压、冠心病、糖尿病等；另外，由于缺乏营养素如维生素或矿物质，使得身体健康下降引起疾病。

随着科技的发展和研究水平的提高，除了已经发现的食物成分中的大量营养素外，还有少量或微量的化学物质如黄酮类、多酚、皂苷类化合物、肽类、低聚糖、多价不饱和脂肪酸、益生菌类等，这些成分一般不属于营养素的范畴，但对人体具有调节机体功能的作用，被称为功能因子。这些成分对于糖尿病、心血管病、肿瘤、癌症、肥胖患者等有调节机体、增加免疫功能和促进康复的作用，或有阻止慢性疾病发生的作用，这就是食品的保健功能。

食品的保健功能是多方面的，除对疾病有预防作用外，还有益智、美容、抗衰老、改善睡眠等多方面的保健作用。一些食品的新保健功能正在不断被发现和开发，一些新的功能因子的组成和结构被阐明，其药理作用被明确和证实。这就是食品的第三功能，是食品功能的新发展。

《保健食品注册与备案管理办法》自 2016 年 7 月 1 日正式施行，严格定义：保健食品是指声称具有特定保健功能或者以补充维生素、矿物质为目的的食品，即适宜于特定人群食用，具有调节机体功能，不以治疗疾病为目的，并且对人体不产生任何急性、亚急性或者慢性危害的食品。我国规定的保健食品功能包括增加免疫力、抗氧化、增加骨密度、改善营养性贫血等共计 27 项。

（四）文化功能

食品是社会生活一个重要组成部分，各民族、地区都有饮食上的特点与文化特色。食品除了提供营养上、生理上的功能外，也具有一定的文化功能，包括传递情感、传承礼德、陶冶情操等教育作用，以及审美乐趣、食俗乐趣等。

二、食品的质量

人们在选择食品时会考虑各种因素，这些因素可以统称为“质量”。质量曾被定义为产品的优劣程度，也可以说，质量是一些有意义的、使食品更易于接受的产品特征的组合。食品质量的好坏程度，是构成食品特征及可接受性的要素，主要包括食品的感官质量、营养质量、安全质量和保藏期等方面。

（一）感官质量

食品的感官特征，历来都是食品的重要质量指标，随着人民生活水平、消费水平的提高，对食品的色、香、味、外观、组织状态、口感等感官因素提出了更高的要求。人的感官所能体验到的食品质量因素又可分为三大类，即外观、质构和风味。人们一般按外观、质构、风味的顺序来认识一种食品的感官质量特性。

1. 外观因素

外观因素包括大小、形状、完整性、损伤程度、光泽、透明度、色泽和稠度等。例如市售苹果汁既可以是混浊型的，也可以是澄清型的，它们的外观不同，常被认为是有差异的两种产品。

食品的大小和形状均易于测量，例如圆形果蔬可以根据其所能通过的孔径大小进行分级。图 1-2 所示为典型的果蔬分级装置。

食品的色泽不仅是成熟和败坏的标志，也可以用来判断食品的处理程度是否达到要求，例如可根据薯片油炸后的色泽来判断油炸终点。对于液体或固体食品，我们可以与标准比色板进行比较来确定它的颜色。如果食品是一种透明液体（如果酒、啤酒或葡萄汁），或者如果可以从食品中提取有色物质，那么就可以用各种类型的比色计或分光光度计进行色泽的测定。

食品的稠度可以看作为一个与质构因素有关的质量属性，但在很多场合，我们都能直观观察到食物的稠度，因此它也是一个食品外观因素。食品稠度常用黏度来表示，高黏度的产品稠度大，低黏度的产品稠度小。

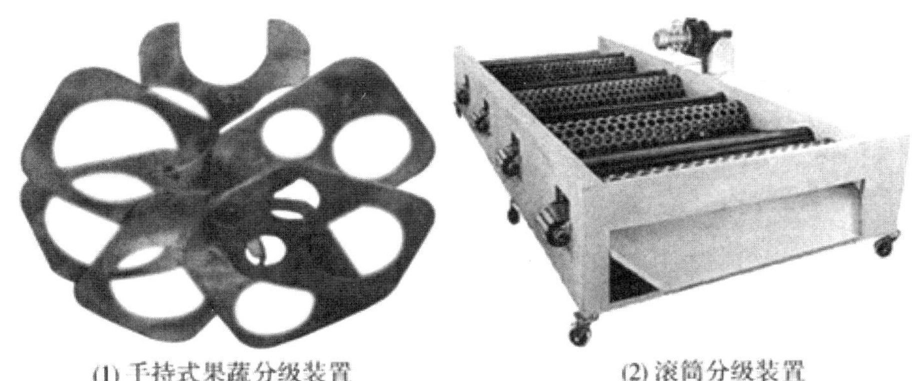

(1) 手持式果蔬分级装置　　(2) 滚筒分级装置

图 1–2　果蔬分级装置

2. 质构因素

质构因素包括手感、口感所体验到的坚硬度、柔软度、多汁度、咀嚼性以及沙砾度等。食品的质量通常是决定人们对某一产品喜爱程度的重要因素，例如，我们希望口香糖非常耐嚼，饼干或薯条又酥又脆，牛排咬起来要松软易断。

对食品质构的测定可以归结为测定食品体系对外力的阻力。为了测量一些质构属性，人们设计了许多专门的检测仪器，例如，嫩度计利用压缩和剪切作用来测定豌豆的嫩度。

食品的质构如同形状和色泽一样，并不是一成不变的，其中水分变化起着主要作用，另外也与存放时间有关。新鲜果蔬变软是细胞壁破裂和水分流失的结果，称之为松弛现象。果蔬干燥处理后，会变得坚韧、富有咀嚼性，这对于制备杏干、葡萄干都是非常理想的。某些食品成分在加工过程中也会发生质构变化。如油脂是乳化剂，也是润滑剂，因此焙烤食品需加入油脂使产品嫩化。淀粉和许多胶类物质为增稠剂，可提高产品黏度。液态蛋白质也是增稠剂，但随着溶液温度的升高，蛋白质会发生凝结，形成坚硬结构。糖对质构的影响取决于它在体系中的浓度，糖度较低时可增加饮料的品质和口感，浓度较高时可提高黏度和咀嚼性，浓度更高时可产生结晶、增加体系脆性。食品生产商还经常使用食品添加剂来改善食品的质构。

3. 风味因素

风味因素既包括舌头所能尝到的口味，如甜味、咸味、酸味和苦味，也包括鼻子所能闻到的香味。尽管口味和香味常常混用，但前者一般指“风味”，而后者则专指“气味”。风味和气味通常都是非常主观的，难以精确测量，而且也很难让一组人达成共识。任何一种食品的风味不但取决于咸、酸、苦、甜的组合，而且还取决于能产生食品特征香气的化合物。

尽管我们可以采用各种方法来测定食品风味，例如用折光仪测定糖对溶液折射率的影响来计算糖的浓度；用碱滴定法或用电位测定法确定酸的浓度；还可以用气相色谱法测定特殊的风味物质组成，但对食品感官因素的综合评价还必须考虑消费者的可接受性，仍然没有哪种检测方法能代替人工品尝。

食品感官质量的评价方法也是不断改进和发展的。原始的感官评定是利用人自身的感觉器官对食品进行评价和判别，许多情况下，这种评价由某方面的专家进行，并往往采用少数服从多数的简单方法来确定最后的评价，缺乏科学性，可信度不高。现代的感官评定，由于概率统计原理及感官的生理学与心理学的引入，以及电子计算机技术的发展应用，避免了感官评价中存在的缺陷，提高了可信度，使感官检验有了更完善的理论基础及科学依据，在食品工业生产中得到了广泛的应用。

（二）营养质量

食品的基本属性是提供给人类以生长发育、修补组织和进行生命活动的热能和营养素。随着科学的发展，为了保证人体的健康，对食物的营养平衡越来越重视。食品的营养价值主要反映在营养素成分和相应的含量上，可以通过化学分析或仪器分析来检测定量，通常要求被标注在食品的包装上。

为指导和规范食品营养标签的标示，引导消费者合理选择食品，促进膳食营养平衡，保护消费者知情权和身体健康，卫生部组织制定了《食品营养标签管理规范》。食品营养标签是向消费者提供食品营养成分信息和特性的说明，包括营养成分表、营养声称和营养成分功能声称。营养成分表是标有食品营养成分名称和含量的表格，表格中可以标示的营养成分包括能量、营养素、水分和膳食纤维等。《食品营养标签管理规范》规定，食品企业标示食品营养成分、营养声称、营养成分功能声称时，应首先标示能量和蛋白质、脂肪、碳水化合物、钠 4 种核心营养素及其含量。食品营养标签上还可以标示饱和脂肪（酸）、胆固醇、糖、膳食纤维、维生素和矿物质等。如图 1-3 所示某品牌巧克力的营养标签，营养标签中营养成分标示应当以每 100g（mL）和/或每份食品中的含量数值标示，并同时标示所含营养成分占营养素参考值（N RV）的百分比。营养声称是指对食物营养特性的描述和说明，包括含量声称和比较声称；营养成分功能声称是指某营养成分可以维持人体正常生长、发育和正常生理功能等作用的声称，同时规定了营养成分功能声称应当符合的条件。各营养成分的定义、测定方法、标示方法和顺序、数值的允许误差等应当符合《食品营养成分标示准则》的规定。

每1包装（平均43克）含有

能量	脂肪
989kJ	14.9g
12%	25%

%营养素参考值

营养成分表

项目	每100克(g)	NRV%
能量	2301千焦(kJ)	27%
蛋白质	6.7克(g)	11%
脂肪	34.7克(g)	58%
饱和脂肪	21.8克(g)	109%
碳水化合物	55.7克(g)	19%
钠	83毫克(mg)	4%

图 1–3　某品牌巧克力的营养标签

营养质量常常通过测定某种特殊营养成分的含量来进行评价。在很多情况下，这并不十分充分，还必须采用动物饲养实验或相当的生物试验方法。例如在评价蛋白质资源的营养质量时，蛋白质含量、氨基酸组成、消化性能以及氨基酸吸收之间的相互作用均会影响生理价值的测定。

我们不仅要了解食品中含有哪些营养成分，更要重视从食品原料的获得、加工、贮藏和制备全过程中保存营养成分，关键是掌握在不同条件下有关营养成分稳定性的知识。维生素 A 对于酸、空气、光和热是高度敏感的（极不稳定）；另一方面，维生素 C 在酸中是稳定的，而对于碱、空气、光和热是不稳定的。

（三）安全质量

食品的安全质量是指食品必须是无毒、无害、无副作用的，应当防止食品污染和有害因素对人体健康的危害以及造成的危险性，不会因食用食品而导致食源性疾病的发生，人体中毒或产生任何危害作用。在食品加工中，食品安全除与我国常用名词“食品卫生”为同义词外，还应包括因食用而引起任何危险的其他方面，如食品（果冻）体积太大引起婴儿咽噎危险、食品包装中的玩具而使儿童误食等。

导致食品不安全的因素有微生物、化学、物理等方面，可以通过食品卫生学意义的指标来反映。微生物指标有细菌总数、致病菌、霉菌等；化学污染指标有重金属如铅、砷、汞等，农药残留和药物残留如抗生素类和激素类药物等；物理性因素包括食品在生产加工过程中吸附、吸收外来的放射性核素，或混入食品的杂质超标，或食品外形引起的食用危险等安全问题。此外，还有其他不安全因素，如疯牛病、禽流感、H1N1 型流感、假冒伪劣食品、食品添加剂的不合理使用以及对转基因食品的疑虑等。

（四）保藏期

食品营养丰富，因此也导致了其极易腐败变质。为了保证持续供应和地区交流以最重要的食品品质和安全性，食品必须具有一定的保藏性，在一定的时间内食品应该保持原有的品质或加工时的品质或质量。食品的品质降低到不能被消费者接受的程度所需要的时间被定义为食品货架寿命或货架期，货架寿命就是商品仍可销售的时间，又被称为保藏期或保存期。

目前，食品零售包装上已被广泛地加上某种类型的日期系统，因此消费者可对他们购买产品的货架寿命或新鲜程度有一些了解。现已有类型的编码日期，包括生产日期（“包装日期”）、产品被陈列的日期（“陈列日期”）、产品可以销售的日期（“在……前销售”）、有最好质量的最后日期（“最佳使用日期”）及产品不能再食用的日期（“在……前使用”或“终止日期”）等。

一种食品的货架寿命取决于加工方法、包装和贮藏条件等许多因素，如牛乳在低温下比室温贮藏的货架寿命要长；罐装和高温杀菌牛乳可在室温下贮藏，并且比消毒牛乳在低温贮藏的货架寿命更长。食品货架寿命的长短可依据需要而定，应有利于食品贮藏、运输、销售和消费。

食品货架寿命是生产商和销售商必须考虑的指标以及消费者选择食品的依据之一，这是商业化食品所必备和要求的。食品的包装上都要标明相应的生产日期和保藏期。

由食品质量要素来评定食品质量主要是以相应的食品质量标准为依据。对应于食品质量评判和控制，相应有国际、国家和企业等不同层次的质量标准，许多出口食品必须要符合国际食品质量标准。

第三节　食品的变质及其控制

一、食品的变质

食品含有丰富的营养成分，在常温下贮存时，极易发生色、香、味的劣变和营养价值降低的现象，如果长时间放置，还会发生腐败，直至完全不能食用，这种变化称作食品的变质。

所有的食品在贮藏期间都会经历不同程度的变质。食品变质主要包括食品外观、质构、风味等感官特征，营养价值、安全性和审美感觉的下降等。食品感官质量的变化容易被人们发现，但食品的营养质量、卫生质量和耐藏性能的变化却不总能被感官觉察，需借助于物理和/或化学的方法测定，进而加以判断。在食品加工中引起食品变质的原因主要有下列三个方面。

（一）微生物的作用

微生物大量存在于空气、水和土壤中，加工用具和容器中，存在于工作人员的身上，附着在食品原料上，可以说无处不有，无孔不入。在食品的加工、贮藏和运输过程中，一些有害微生物在食品表面或内部繁殖，引起食物的腐败变质或产生质量危害，是导致食品变质的主要原因。

微生物的种类成千上万，细菌、酵母和霉菌是引起食品腐败的主要微生物，尤以细菌引起的变质最为显著。这些微生物能产生不同的酶类物质，因此可分解和利用食品的营养成分。例如有些微生物可分泌各种碳水化合物酶使糖类发酵，并使淀粉和纤维素水解；一些微生物能分泌出脂肪酶使脂肪水解而产生酸败；产生蛋白酶的微生物能消化蛋白质并产生类似氨的臭味。有些微生物会产酸而使食品变酸，有些会产生气体使食品起泡，有些会形成色素和使食品褪色，有少数还会产生毒素而导致消费者中毒。食品在自然条件下受到污染时，各种类型的微生物同时存在，从而导致各种变化可能同时发生，包括产酸、产气、变臭和变色。

常见的易对食品造成污染的细菌有假单胞菌、微球菌、葡萄球菌、芽孢杆菌与芽孢梭菌、肠杆菌、弧菌及黄杆菌、嗜盐杆菌、乳杆菌等。霉菌对食品的污染多见于南方多雨地区，目前已知的霉菌毒素有 200 种左右，与食品质量安全关系较为密切的有黄曲霉毒素、赭曲霉毒素、杂色曲霉素等。霉菌及毒素对食品污染后可引起人体中毒，或降低食品的食用价值。据不完全统计，全世界每年平均有 2% 的化合物由于霉变不能食用而造成巨大的经济损失。

但并不是所有的微生物都会致病或导致食品腐败，实际上某些类型的微生物的生长是人们所期望的，被用来生产和保藏食品，例如，柠檬酸、氨基酸等的发酵，酒类、酱菜、酱油等调味料的生产，干酪、乳酸饮料等的生产都是利用有益微生物及其代谢产物来为人类服务。

（二）酶的作用

同微生物含有能使食品发酵、酸败和腐败的酶一样，食物原料的生命体中也存在很多的酶系，其活力在收获和屠宰后仍然存在。例如，苹果、梨、杏、香蕉、葡萄、樱桃、草莓等水果和一些蔬菜中的多酚氧化酶，诱发酶促褐变，对加工中产品色泽的影响很大。又如动物死后，动物体内氧化酶产生大量酸性产物，使肌肉发生显著的僵直现象；自溶也是酶活动下出现的组织或细胞解体的一种现象。

食品原料中还可能含有脂肪酶、蛋白酶、氧化还原酶等，这些酶的活动能引起食物或食品的变质。除非已由热、化学品、辐射和其他手段对食物或食品中的酶加以钝化，否则就会继续催化化学反应。

酶的活性受温度、pH、水分活度等因素的影响。如果条件控制得当，酶的作用通常不会导致食品腐败。经过加热杀菌的加工食品，酶的活性被钝化，可以不考虑由酶作用引起的变质。但是如果条件控制不当，酶促反应过度进行，就会引起食品的变质甚至腐败。比如果蔬的后熟作用和肉类的成熟作用就是如此，当上述作用控制到最佳点时，食品的外观、风味和口感等感官特性都会有明显的改善，但超过最佳点后，就极易在微生物的参与下发生腐败。

（三）物理化学作用

食品在温度、水分、氧气、光及时间的作用下发生的物理变化和化学变化，也是造成食品变质的因素。

1. 温度

温度是影响食品质量变化最重要的环境因素。温度因提供物质能量，可使分子或原子运动加快，反应时增加碰撞概率而使反应速度提高。温度与反应速率常数呈指数关系，反应速率随温度的变化可用温度系数 Q_{10} 表示。

$$Q_{10}=\frac{K_{\theta+10}}{K_{\theta}}$$

式中 K_{θ}——温度 θ 时的反应速度；

$K_{\theta+10}$——温度为（ θ +10 ）时的反应速度；

因此，温度系数 Q_{10} 表示温度每升高 10℃时反应速度所增加的倍数。换言之，温度系数表示温度每下降 10℃反应速度所减缓的倍数。酶促反应和非酶促反应的温度系数不同。

温度除对微生物产生作用外，如果不加控制也会导致食品变质。过度受热会使蛋白质变性、乳状液破坏、因脱水使食品变干以及破坏维生素，挥发性风味物质受热易丧失。未加控制的低温环境也会使食品变质，如水果和蔬菜冻结，它们会变色，改变质构，外皮破裂，易为微生物侵袭。冻结也会导致液体食品变质，如冻结导致牛乳脂肪球膜破裂，造成奶油上浮。

2. 水分

水分不仅影响食品的营养成分、风味物质和外观形态的变化，而且影响微生物的生长发育和各种化学反应，过度的吸水或脱水还会导致食品发生实质性的改变。化学变化和微生物生长都需要水分，过量的水分会加速这些变质。食品在失水和复水时也会发生外观和质构的变化。

环境的相对湿度稍有变化而产生的表面水分变化会导致成团、结块、斑驳、结晶和发黏等表面缺陷。食品表面的极微量的冷凝水可成为细菌繁殖和霉菌生长的重要水源，这种冷凝并不一定来自外界。在防潮包装中，水果或蔬菜通过呼吸作用或蒸发放出水分，这些水分被包装截留，供给有破坏作用的微生物生长；没有呼吸作用的食品在防潮包装中也会散发出水分，从而改变包装内部的相对湿度，特别是贮藏湿度降低时，这些水分又重新凝结在食品表面。

3. 氧气

空气中 20% 的氧气具有很强的反应性，对许多食品产生实际的变质作用。如在空气和光的条件下，由氧化反应引起变质，发生油脂的氧化酸败、色素氧化变色、维生素（特别是维生素 A 和维生素 C）氧化变质等。除了因化学氧化作用对营养物质、食品色泽、风味和其他食品组分产生破坏作用外，氧还是霉菌生长所必需的。所有的霉菌都是需氧的，这也是为什么发现霉菌在食品和其他物质的表面或裂缝中生长的原因。

4. 光

光的存在能破坏某些维生素，特别是维生素 B_2、维生素 A、维生素 C，而且能破坏许多食品的色泽。光还能导致脂肪氧化和蛋白质变化，如瓶装牛乳暴露在阳光下会产生“日光味”。

组成自然光或人造光的所有波长的光并不被食品组分等量地吸收或者具有相同的破坏性。在自然光或荧光下，香肠和肉色素的表面变色情况是不同的。敏感性食品采用不透明的包装，或者将化合物包入透明薄膜中以除去特定波长的光。

5. 时间

微生物的生长、酶类的活动、食品组分的非酶反应、挥发性风味物质的丧失以及湿度、水分、氧和光的作用都是随时间而发展的。几乎所有的物理化学变化都是随时间的增长而严重，即食品质量随时间而下降。这说明食品加工可延长食品的货架寿命，但不能无限延长，最终任何食品的质量都会下降。

当然也有些食品，如干酪、香肠、葡萄酒和其他发酵食品加工后贮放一段时间，即陈化后可使风味更好、品质提高。但陈化过的食品在贮藏中同样会有质量下降现象。

6. 非酶反应

虽然食品变质的化学反应大部分是由于酶的催化作用，但也有一部分是与酶无直接关系的化学反应。例如，食品中有蛋白质和糖类化合物存在时，在受热时更易发生美拉德反应引起褐变；再如油脂的酸败、番茄红素的氧化，甚至罐头内壁的氧化腐蚀和穿孔，都是与酶无关的化学反应。

除了上述原因之外，还有很多其他因素也会导致食品的变质。例如昆虫、寄生虫和老鼠等的破坏力也较强；重物的挤压以及机械损伤，轻的会引起食品呼吸强度加强，腐败速度加快，重者使食品变形或破裂，导致汁液流失和外观不良，给微生物侵入、污染食品创造时机，加速食品变质。

引起食品变质的因素通常不是孤立作用的。组成食品的高度敏感的有机及无机物质和它们之间的平衡、食品的组织结构及分散体系都会受到环境中的几乎每一个变量的影响。例如，细菌、虫和光都能同时起作用，使食品在产地或仓库内变质；热、水分和空气都同时影响细菌的生长和活力以及食品中酶的活力。在任一时间都会发生多种形式的变质，视食品和环境条件而定。有效的加工保藏方法必须消除所有这些已知的影响食品质量的因素，或使它们减小到最低程度。如就肉罐头而言，肉装在金属罐内不仅是为了防虫、防鼠，而且可以避光，因为光会使肉变色和可能破坏其价值；罐头还可以保护肉不致脱水；封罐前抽真空或充氮以除去氧，然后密封罐并加热以杀死微生物和破坏肉中的酶；加工后的罐头及时冷却并放在阴凉室内贮存，以避免嗜热型微生物的生长。因此，加工保藏方法必须考虑与食品变质有关的所有主要因素，这些因素需要逐个认真考虑。

二、食品变质的控制措施

食品质量在贮藏过程中的变化是难以避免的，但其变化的速度受到多种环境因素的影响，并遵循一定的变化规律。人们通过控制各种环境因素和利用其变化规律就可以达到保持食品质量的目的。

如果想短时间保存食品，应尽量保持食品的鲜活状态，原料一经采收或屠宰后即进入变质过程，食品品质会随贮藏时间的延长而变差。例如成熟期采收的冬瓜在通常环境条件下放置数十天仍可保持鲜态，煮熟的瓜片失去了果蔬的耐贮性、抗病性，通常在夏天一夜就变馊了；家畜、家禽和鱼类在屠宰后，组织死亡，但细胞中的生化反应仍在继续，存在于这些产品中的微生物是活着的，会导致这些动物性原料容易发生腐败变质。原料在采收或屠宰后通过清洗、冷却等处理可在短时间内延缓变质，时间从几个小时或者几天，但由于微生物和天然食品酶类不会被破坏或者没有全部失活，很快就会起作用了。

对于食品的长期保藏来说，有必要采取进一步的预防措施，主要是使微生物和酶失活或受到抑制，以及降低或消除引起食品腐败的物理化学反应。控制食品变质的方法越来越多，最重要的手段是温度、干燥、酸、糖、盐、烟熏、空气、化学物质、辐射和包装等。

食品加工就是要针对引起食品变质的原因，采取合理可靠的技术和方法来控制腐败变质，以保证食品的质量和达到相应的保藏期。对于由化学变化引起的食品变质如氧化、褐变，则可以根据化学反应的影响因素来选择化学保藏剂。对于生物类食品或活体食物类，加工与保藏主要有四大类途径。

（一）维持食品最低生命活动

新鲜果蔬是有生命活动的有机体，当保持其生命活动时，果蔬本身则具有抗拒外界危害的能力，因而必须创造一种恰当的贮藏条件，使果蔬采后尽可能降低其物质消耗的水平，如降低呼吸作用，将其正常衰老的进程抑制到最缓慢的程度，以维持最低的生命活动，减慢变质的进程。湿度是影响果蔬贮藏质量最重要的因素，同时控制贮藏期间果蔬贮藏环境中适当的氧和二氧化碳等气体成分的组成，是提高贮藏质量的有力措施。

（二）抑制微生物和酶的活动

利用某些物理、化学因素抑制食品中微生物和酶的活动，这是一种暂时性的保藏方法，如降低温度（冷藏和冷冻）、脱水降低水分活度、利用渗透压、添加防腐剂、抗氧化剂等手段属这类保藏方法。这样的保藏期比较有限，易受到贮藏条件的影响。解除这些因素的作用后，微生物和酶即会恢复活动，导致食品腐败变质。

（三）利用发酵原理

发酵保藏又称生物化学保存，是利用某些有益微生物的活动产生和积累的代谢产物如酸、酒精和抗生素等来抑制其他有害微生物的活动，从而达到延长食品保藏期的目的。食品发酵必须控制微生物的类型和环境条件，同时由于本身有微生物存在，其相应的保藏期不长，且对贮藏条件的控制有比较高的要求。

（四）无菌原理

即杀灭食品中的致病菌、腐败菌以及其他微生物或使微生物的数量减少到能使食品长期保存所允许的最低限度。例如，罐头的加热杀菌处理。此外，还有原子能射线辐射杀菌、过滤除菌和利用压力、电磁等杀菌手段，其中一些方法由于没有热效应，又被称为冷杀菌。通常这样的杀菌条件充足的话，食品将会有很长的货架寿命。

第二章　休闲食品加工

休闲食品(Leisure Food)是快速消费品的一类，是人们在闲暇、休息时所吃的食品。休闲食品的特点是风味鲜美，热值低，无饱腹感，清淡爽口。能伴随人们解除休闲时的寂寞，因而也就成了人类社会在满足基本营养要求以后自发的选择结果，是顺应人类社会由温饱型逐渐向享受型转轨的时尚食品。

随着经济的发展和人们消费水平的提高，消费者对休闲食品的需求不断增长。越来越多的食品企业涉足休闲食品领域，市场竞争逐步升级，开发健康和功能型食品将是休闲食品市场未来的主流，搭建新的营销平台，增强自主营销意识将成为休闲食品产业发展的一个趋势。据近年市场调查显示，休闲食品在主要超市、重点商场食品经营中的比重已经占到 10% 以上，名列第一，销售额已经占到 5% 以上，仅次于冷冻食品和保健滋补品，名列第三。在各种休闲食品中，一半以上的家庭曾经购买过膨化食品，其次是饼干类食品，除此以外，口香糖和干果类休闲食品也受到各类家庭的喜爱。儿童和白领阶层已经成为休闲食品消费的主力军，也是各种新产品消费的推动者。

据有关资料显示，目前世界休闲食品市场的年销售额超过 400 亿美元，市场规模增长速度高出食品市场平均增长速度 20 个百分点。据美国的一项调查显示，每年仅销售给大学生的土豆片数量就超过 7.25 亿千克。在日本，健康型休闲食品正在打开市场并受到消费者的普遍欢迎。在我国，由于人们生活水平不断提高，原来以温饱型为主的休闲食品消费格局，逐渐向风味型、营养型、享受型甚至功能型方向转变。目前我国休闲食品共有 8 大类：谷物膨化类、油炸果仁类、油炸谷物类、非油炸果仁类、糖食类、肉禽鱼类、干制蔬果类和其他类。不断扩大的市场份额表明，休闲食品已经形成了一个完整的产业，正在吸引越来越多的食品生产企业涉足其中。

目前，我国休闲食品已经形成销售额近 300 亿元的市场规模，薯类、谷物类产品占据着休闲食品的主流。同时有益健康的干果、趋向功能健康的糖果、休闲肉制品、休闲海珍品及传统的豆制品等也在丰富着我国的休闲食品市场。休闲食品消费格局向风味型、营养型、时尚型、享受型甚至功能型的方向转化，具体说就是趋向健康化、低糖、低热量、低脂肪；消费对象向更多人群扩展，市场进一步细化；面对城市消费群体，产品档次向中高端发展，而部分产品逐步向中西部地区、农村市场扩张；产品的口感仍是影响消费者购买的重要因素。

第一节　休闲食品的分类

休闲食品的产品细小繁多、花色复杂。这些产品投资少，见效快，有手工生产、半机械化和机械化生产，产品易于更新换代。休闲食品的最大特点是食之方便，并且保存期一般较长，深受广大人民群众的喜爱，目前休闲食品还没有统一的、规范的分类方法。通常可按其原料的特点进行分类或按照原料、加工技术和产品类型综合分类。

一、按生产原料分类

休闲食品按生产原料进行分类，主要有粮食类休闲食品、坚果类休闲食品、糖类休闲食品、鱼肉类休闲食品、果蔬糖渍类休闲食品、枣类休闲食品、菌类与花类休闲食品。

二、按原料、加工技术和产品类型综合分类

（一）炒货干果

炒货干果主要有瓜子、花生、核桃、榛子、腰果、香榧、松子、板栗、杏仁和开心果等。

（二）糖果巧克力

糖果巧克力主要有硬糖、软糖、巧克力、奶糖、酥糖、棒棒糖、功能糖、果冻和胶基糖等。

（三）蜜饯果脯

蜜饯果脯主要有果脯果干、糖渍蜜饯、返砂糖霜类、凉果类、话化类和果糕类等。

（四）熟食制品

熟食制品主要有牲畜熟食、禽类熟食、水产熟食、豆制品和面制熟食等。

（五）烘焙休闲食品

烘焙休闲食品主要有威化、萨其马、曲奇、面包、月饼、派类、酥饼、饼干和果蔬糕点等。

（六）膨化食品

膨化食品主要有薯类膨化食品、米面膨化食品和豆类膨化食品等。

（七）休闲饮料

休闲饮料主要有茶饮料、碳酸饮料、功能饮料、果蔬饮料和冷饮食品等。

（八）休闲罐头食品

休闲罐头食品主要有水果罐头、肉类罐头、蔬菜罐头和水产罐头等。

（九）休闲方便食品

休闲方便食品主要有面食类、米食类、方便粥汤类和其他方便食品等。

第二节　休闲食品加工技术

一、膨化技术

膨化食品是指以谷物粉、薯粉或淀粉为主料，利用挤压、油炸、砂炒、烘焙等膨化技术加工而成的一大类食品。它具有品种繁多、质地酥脆、味美可口、携带方便、营养物质易于消化吸收等特点。

膨化技术是一种新型食品加工技术，广泛应用于膨化食品的生产，具有工艺简单、成本低、原料利用率高、占地面积小、生产能力高、可赋予食品较好的营养特性和功能特性等特点。作为一种休闲食品，膨化食品深受消费者尤其是青少年的喜爱和欢迎。在自诩为小吃食品王国的美国，各种休闲食品的年销售额高达 150 亿美元，而作为美国最大膨化食品生产企业的 Frito-Lay 公司，年销售额达到 50 亿美元。可以肯定，膨化技术应用于膨化食品的生产具有十分广阔的前途和发展前景。改革开放以来，我国人民生活水平有了较大的提高，在休闲和旅游之际，人们对休闲食品特别喜爱。近年来随着休闲生活的流行，休闲食品消费量越来越大，尤其是好的休闲食品，深受孩子们的喜爱。我国膨化类休闲食品约占新颖休闲食品的 80%，成为主导休闲食品。我国是农业大国，农产品和水产品十分丰富，进行深精加工已成为热门话题，并成为当前和今后的发展方向。目前我国食品工业产值与农业产值之比仅为 0.38:1，而发达国家和地区为（2 ～ 3）：1，美国更高达 4:1。我国居民消费的食品中，仅四成经过加工，而且这四成中的80%为初加工食品，深加工比例仅占20%。在发达国家和地区，经过加工的食品占居民消费食品的70%～90%，其中初加工食品仅两成，八成是经过深加工的。因此，对我国的农产品（包括水产品）进行深加工是社会发展的必然趋势，将具有广阔的前景。

膨化技术在我国有着悠久的历史，我国民间的爆米花及各种油炸食品都属于膨化食品。但应用现代膨化技术生产膨化食品的时间并不长。由于生产厂家对膨化食品的研究开发工作不够重视，膨化食品风味单调，品种较少，远不能满足生活水平日益提高的人们的需求，因而逐渐受到冷落。因此应当大力发展膨化技术并加快其在食品生产中的应用步伐，从而促进我国食品工业的发展。

膨化食品的加工方法有挤压膨化技术、高温膨化技术、烘焙膨化技术和真空膨化技术等。挤压膨化技术在20世纪40年代末期逐渐扩大到食品领域。它不但应用于各类膨化食品的生产，还可用于豆类、谷类、薯类等原料及蔬菜和某些动物蛋白的加工。近年来挤压膨化技术发展十分迅速，在目前已成为最常用的膨化食品生产技术。

（一）膨化加工机理

1. 膨化的形成机理

（1）膨化

膨化是利用相变和气体的热压效应原理，使被加工物料内部的液体迅速升温汽化、增压膨胀，并依靠气体的膨胀力，带动组分中高分子物质结构变性，从而使之成为具有网状组织结构特征、定型的多孔状物质的过程。依靠该工艺过程生产的食品统称为膨化食品。为研究分析方便，可将整个膨化过程分为三个阶段：第一阶段为相变段，此时物料内部的液体因吸热或过热，发生汽化；第二阶段为增压段，汽化后的气体快速增压并开始带动物料膨胀；第三阶段为固化段，当物料内部的瞬间增压达到和超过极限时，气体迅速外溢，内部因失水而被高温干燥固化，最终形成泡沫状的膨化产品。

（2）膨化的构成要素

从膨化的发生过程分析，物料特性和外界环境与膨化直接关联。换言之，只有当物料和环境同时符合膨化所需的特定条件时，膨化才有可能顺利进行。所谓特定条件就是：

①汽化剂：在膨化发生以前，物料内部必须含有均匀安全的汽化剂，即可汽化的液体。对于食品物料而言，最安全的液体就是所含的成分水。

②弹性小室：从相变段到增压段，物料内部能广泛形成相对密闭的弹性气体小室，同时，要保证小室内气体的增压速度大于气体外泄造成的减压速度，以满足气体增压

的需要。构成气体小室的内壁材料，必须具备拉伸成膜特性，且能在固化段蒸汽外溢后，迅速干燥并固化成膨化制成品的相对不回缩结构网架。构成小室的成膜材料主要是物料中的淀粉、蛋白质等高分子物质，而成品的网架材料除淀粉、蛋白质外，少量其他高分子物质也可充填其间，如纤维素等。

③能量：外界要提供足以完成膨化全过程的能量，包括相变段的液体升温需能、汽化需能、膨胀需能和干燥需能等。

2. 膨化动力的产生机制

（1）膨化动力的产生

膨化动力的产生主要由物料内部水分的能量释放所致。同样的外部供能条件下，在物料内部的各种物质成分中，由于水具有相对分子质量小、沸点低、易汽化膨胀的特性，水分子热运动最先加剧，分子动能同时加大。当水分子所获能量超出相互间的束缚极值时，就会发生分子离散。水分子的分子离散使物料内部水分发生变化，产生相变和蒸汽膨胀。其结果必然造成对与之接触的物料结构的冲击。当这种冲击作用力超出维持高分子物质空间结构的力，并超出高分子物质维持的物料空间结构的支撑力时，就会带动这些大分子物质空间结构的扩展变形，最终造成膨胀物料的质构变化。

一般来说，物料所含的水分大体有四种存在形态：结合态、胶体吸润态、自由态和表面吸附态。结合态和胶体吸润态的水虽含量不高，但因与物料内的物质呈氢键缔合，结合较为紧密，若对其施加外力影响，就可能通过其对与之结合的物料分子产生影响。食品膨化主要是通过对这部分水施加作用得以实现的。

（2）膨化动力的影响因素

膨化动力的产生不仅取决于水分在物料中的形态和其结合特性，而且与水分的含量密切相关。从理论上讲，物料含水量越大，可能产生的蒸汽量也就越大，膨化动力越强，对膨化的效果影响也越大。但物料所含水分过量时，会影响膨化正常实现，其原因是：

①过量水分往往是自由态和表面吸附态的水，它们很难取代或占据结合态和胶体吸润态水分分子原有的空间位置，这部分间隙水往往不在密闭气体小室中，很难成为膨化动力，引起物料膨化。

②过量水在外部供能时，由于与物料其他组分相互间的约束力弱，较易优先汽化，占有有效能量，影响膨化效应。

③过量水会导致物料内吸润态胶体区域的不适当扩大，造成物料在增压段因升温，其中的部分淀粉已提前糊化或部分蛋白质已超前变性，反而阻碍了膨化。

④含过量水的物料即使经历膨化过程，其制品也会因成品含水量偏高而回软，失去膨化制成品的应有风味。因此，在膨化前，必须确定物料的适度含水量，以保证最

佳膨化效果。

此外，物料在膨化过程中还存在一定的含湿量梯度。梯度差异的形成是由于水分在物料中的分布差异和水分与物料之间的结合差异所致。不同的含湿量梯度会造成膨化动力产生时间上的差异和质量的不均匀性，影响到膨化质量。所以，物料必须具备均匀的含水条件，以利于膨化动力的均匀发生。

（3）外部能量向膨化动力的转移

膨化动力虽然来源于膨化物料内部水分分子离散所提供的动力，但这种动力也必须是由外部能量间接供给的。而外部能量的提供方式和能量的转换效率对于膨化效果起着至关重要的作用，同时也决定着膨化设备的不同工作方式。

一般来说，外部能量的供给方式有热能、机械能、电磁能、化学能等。这些能可通过一定的传递、转换形式作用于水分子，加剧分子热运动，增加分子动能。

目前，最常见的外部能量向膨化动力的转换方式有挤压膨化（同时利用热导和机械挤压摩擦原理来实现其工艺目的）、微波膨化（通过电磁能的辐射传导使水分子吸收微波能产生分子极震，获得动能，实现水分的汽化，进而带动物料的整体膨化）和油炸膨化。

外部能量的传递设计必须遵循外部供能方式满足膨化动力的形成机制、外部能量向膨化动力的转换必须保证能量的最大利用率及最佳的膨化效果、外部供能和内部的能量变化应最大限度地保持食品物料营养性的原则。所以，从理论上讲，在满足上述原则的前提下，膨化工艺条件可以进行不同方式的变换和组合，这对新兴膨化工艺技术的开发和膨化设备的发展具有极大的指导意义。如低温和超低温膨化技术、超声膨化技术、化学膨化技术都有可能在不久的将来得到实际的应用。

3. 物料中高分子物质在膨化中的作用

（1）淀粉质在膨化中的作用

淀粉是由 D- 葡萄糖单元以苷键形式结合形成的大分子链状物质。自然界中的淀粉通常是以若干条链所组成的相对密集的团粒形式存在。淀粉团粒内水分的含量与分配，较大程度上取决于多糖链的密度与叠集的规则性。这对淀粉的理化性质和膨化加工特性至关重要。

在热压条件下，团粒内部的变化大致涉及四个不同的过程：向微晶区域引入结合水（实际上该区域由于在自然条件下与环境作用还存在少量结晶水）；无定形区中凝胶相的有限润涨；微晶的熔融，同时已熔微晶与非品性凝胶区的共同水化和润涨；熔融微晶的水化导致团粒内水分重新分配，最终润涨产生的应力使微晶变形又加速了熔融。实际上团粒的含水量决定着团粒的变化性质。水分含量低时，微晶以熔融变化为主；而当水分含量高时，则微晶的熔融、水合和极度不可逆的膨润同时发生。一般而言，前者所需的温度、压力较高，被称为淀粉的低水高压热炼过程。像淀粉质物料的挤压膨化，就是利用这一原理来实现的。而后者在常压下 60 ~ 70℃范围内可完成，也就是通常所说的糊化过程。当然，淀粉的热炼与糊化之间存在着一定范围内的弹性可调过渡区域。所以，工艺上可通过适当增加低水分物料的含水量，降低环境的温度压力，获得熔融充分、润涨适度的制品。在实际膨化过程中，淀粉分子的熔融与润涨混炼，不仅可使淀粉分子均匀分布，而且能让所含水分分散均匀。如微波膨化就可应用上述调节原理，先通过低水高压热预炼制备出含湿量低、可挤压成型的膨化坯料，再经干燥除去多余水分，制成炼化干坯，最后进行微波膨化，以满足微波能量均匀辐射特性的需要。

（2）蛋白质在膨化中的作用

蛋白质是一大类以氨基酸为基本构成单元的相对分子质量巨大的高分子物质，通常分为单纯蛋白质和结合蛋白质两大类。其分子的外观形状有纤维状蛋白和球状蛋白。生物体内的蛋白质存在形式则包括组织结构成分状态和活性游离状态。蛋白质的分子组成、结构特征及其生理功能决定着蛋白质具有两性解离性质、水化水合性质和胶体性质。这些性质决定了自然状态的蛋白质可与脂类结合成流动镶嵌结构的膜，可使蛋白质外围高度持水形成水合分子或形成凝胶，可溶于水而成为高浓度的胶体溶液。在膨化过程中，蛋白质作为膨化物料的成分，主要是其中的结构性蛋白质易受外部能量的影响和作用而发生分子结构变化，如变形、变性等。结构性蛋白质的这种变化通常与其在膨化过程中的功能变化同步发生。蛋白质在膨化过程中的主要功能有：以水化、水合作用持水，膜囊包裹作用存水和网状结构吸水等方式维持物料的部分含水；充当密闭气体小室的可塑性壁材，在气体膨胀时实现扩展性拉伸并逐渐变性，随后在室壁瞬时破裂、蒸汽外泄的过程中因失水和自身所带热量的干燥作用而被固化。干燥后的汽室内壁在膨化成品中维持着类似淀粉功能的力学上的网架结构。

虽然含蛋白质的物料可完成上述膨化过程，但是，物料中蛋白质的含水量过高和蛋白质的低程度组织化，以及物料中蛋白质含量过高，从理论到实践应用上对膨化都存在一定的困难。而组织化程度较高的蛋白质如纤维状蛋白就易于成膜。组织化程度较低的球状蛋白经混合拉伸、挤压交织等组织化增塑处理后，也能显示出良好的成膜塑性。通常物料内部的油脂是极好的增塑剂。因此，高度组织化的蛋白质易于进行膨化加工。同样，膨化加工过程也有利于蛋白质的组织化。作为膨化技术的拓展，可利用膨化技术对蛋白质进行组织化处理，以改善原有食品的风味。

（二）膨化加工基本操作过程

1. 按膨化加工的工艺过程分类

按膨化加工的工艺过程分类，食品的膨化方法有直接膨化法和间接膨化法。直接膨化法是指把原料放入加工设备（目前主要是膨化设备）中，通过加热、加压再降温减压而使原料膨胀化。间接膨化法就是先用一定的工艺方法制成半熟的食品毛坯，再将这种坯料通过微波、焙烤、油炸、炒制等方法进行二次加工，得到酥脆的膨化食品。

（1）直接膨化法

①直接膨化法的工艺流程：

进料→膨化→切断→干燥→包装→膨化食品

②直接膨化法的特点：直接膨化法在整个工艺过程中以挤压膨化法为主，有的也采用热空气膨化等方法。就目前的技术条件而言，以挤压法居多。

③直接膨化法挤压膨化工艺过程：物料在挤压膨化机中的膨化工艺过程大致可分为物料输送混合、挤压剪切和挤压膨化三个阶段，如图 2-1 所示。

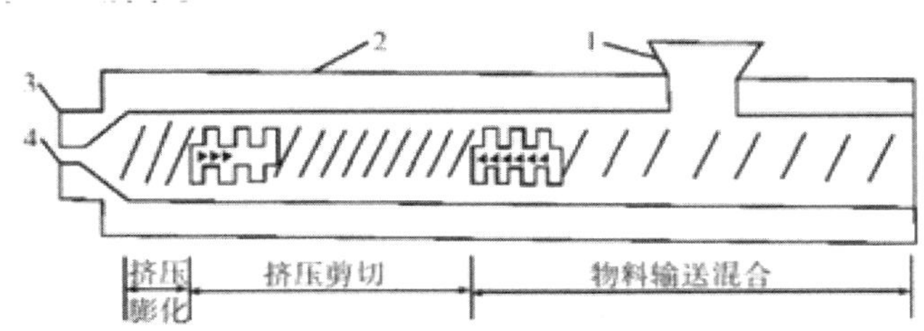

图 2−1　挤压膨化过程

1− 料斗　2− 缸体　3− 挤出模　4− 模孔

a. 物料输送混合阶段：物料由料斗进入挤压机后，由旋转的螺杆推进，并进行搅拌混合，螺杆的外形呈棒槌状，物料在推进过程中，密度不断增大，物料间隙中的气体被挤出排走，物料温度也不断上升。有时在物料输送混合阶段需注入热水，这不仅可以加快升温，而且还能使物料纹理化和黏性化，提高热传导率。在此阶段，物料会受到轻微的剪切，但其物理性质和化学性质基本保持不变。

b. 挤压剪切阶段：物料进入挤压剪切阶段后，由于螺杆与螺套的间隙进一步变小，故物料继续受挤压；当空隙完全被填满之后，物料便受到剪切作用；强大的剪切主应力使物料团块断裂产生回流，回流越大，则压力越大，可达 1500k Pa 左右。相互的摩擦和直接注入的蒸汽使温度不断提高，可达 200℃左右。在此阶段物料的物理性质和化学性质由于强大的剪切作用而发生变化。

c. 挤压膨化阶段：物料经挤压剪切阶段的升温进入挤压膨化阶段。由于螺杆与螺套的间隙进一步缩小，剪切应力急剧增大，物料的晶体结构遭到破坏，产生纹理组织。由于压力和温度也相应急剧增大，物料成为带有流动性的凝胶状态。在高压下，物料中的水仍能保持液态，水温可达 275℃，远远超过常压下水的沸点。此时物料从模具孔中被排到正常气压下，物料中的水分在瞬间蒸发膨胀并冷却，使物料中的凝胶化淀粉也随之膨化，形成了无数细微多孔的海绵体。脱水后，胶化淀粉的组织结构发生了明显的变化，淀粉被充分糊化，具有了很好的水溶性，便于溶解、吸收与消化，淀粉体积膨大了几倍到十几倍。

（2）间接膨化法

①间接膨化法的工艺流程：

进料→成坯→干燥→膨化→包装→膨化食品

②间接膨化法的特点：间接膨化法需要先用一定的工艺方法制成半熟的食品毛坯，工艺方法为挤压法，一般是挤压未膨胀的半成品；也可以不用挤压法，而用其他的成型工艺方法制成半熟的食品毛坯。半成品经干燥后的膨化方法主要采用除挤压膨化以外的膨化方法，如微波、油炸、焙烤、炒制等方法。

2. 按膨化加工的工艺条件分类

按膨化加工的工艺条件分类，膨化又可分为挤压膨化、微波膨化、油炸膨化等。

（1）挤压膨化食品加工

挤压食品的加工工艺主要靠挤压机来完成。挤压成型的定义是：物料经过预处理（粉碎、调湿、预热、混合等）后，在螺杆的强行输送和推动下，通过一个专门设计的小孔（模具），从而形成一定形状和组织状态的产品。因此挤压成型的主要含义是塑性或软性物料在机械力的作用下，定向地通过模板连续成型。对于食品而言，大多数的食品，尤其是小吃食品都是在成熟后上市销售直接食用，另外在小吃食品的加工过程中也需要有一定的温度，以便在加工过程中对物料产生一定的杀菌作用并在膨化闪蒸时脱去一部分水分。

①食品挤压膨化的机理：膨化食品的加工原料主要是含淀粉较多的谷物粉、薯粉或生淀粉等。这些原料由许多排列紧密的胶束组成，胶束间的间隙很小，在水中加热后因部分溶解空隙增大而使体积膨胀。当物料通过供料装置进入套筒后，利用螺杆对物料的强制输送，通过压延效应及加热产生的高温、高压，使物料在挤压筒中经过挤压、混合、剪切、混炼、熔融、杀菌和熟化等一系列复杂的连续处理，胶束即被完全破坏形成单分子，淀粉糊化，在高温和高压下其晶体结构被破坏，此时物料中的水分仍处于液体状态。当物料从压力室被挤压到大气压力下后，物料中的超沸点水分因瞬间蒸发而产生膨胀力，物料中的溶胶淀粉也瞬间膨化，这样物料体积突然被膨化增大而形成了酥松的食品结构。

挤压膨化食品是指将原料经粉碎、混合、调湿，送入螺旋挤压机，物料在挤压机中经高温蒸煮并通过特殊设计的模孔而制得的膨化成型的食品。在实际生产中一般还需将挤压膨化后的食品再经过烘焙或油炸等处理以降低食品的水分含量，延长食品的保藏期，并使食品获得良好的风味和质构；同时还可降低对挤压机的要求，延长挤压机的寿命，降低生产成本。

②挤压膨化食品的工艺流程：

原料→混合→调理→挤压蒸煮、膨化、切割→焙烤或油炸→冷却→调味→称重、包装

将各种不同配比的原料预先充分混合均匀，然后送入挤压机，在挤压机中加入适量水，一般控制总水量为 15% 左右。挤压机螺杆转速为（200 ~ 350）r/min，温度为 120 ~ 160℃，机内最高工作压力为 0.8 ~ 1MPa，食品在挤压机内的停留时间为 10 ~ 20s。食品经模孔后因水蒸气迅速外逸而使食品体积急剧膨胀，此时食品中的水分可下降到 8% ~ 10%。为便于贮存并获得较好的风味质构，需经烘焙、油炸等处理使水分降低到 3% 以下。为获得不同风味的膨化食品，还需进行调味处理，然后在较低的空气湿度下，使膨化调味后的产品经传送带冷却以除去部分水分（目前一般成品冷却包装车间都有空调设备），随后立即进行包装。

（2）微波膨化食品加工

微波加热速度快，物料内部气体（空气）温度急剧上升，由于传质速率慢，受热气体处于高度受压状态而有膨胀的趋势，达到一定压强时，物料就会发生膨化。高水分含量的物料，水分在干燥初期大量蒸发，使制品表面温度下降，膨化效果不好。当水分低于 20% 时，物料的黏稠性增加，致使物料内部空隙中的水分和空气较难泄出而处于高度积聚待发状态，从而能产生较好的膨化效果。

影响物料膨化效果的因素很多。就物料本身而言，组织疏松、纤维含量高者不易膨化，而高蛋白、高淀粉、高胶原或高果胶的物料，由于加热后这些化学组分会“熟化”，有较好的成膜性，可以包裹气体，产生发泡，干燥后将发泡的状态固定下来，即可得到膨松制品。以支链淀粉为主要原料，再辅以蛋白质和电解质（如食盐）的基础食品配方，便可以得到理想的膨化效果。

在微波加热过程再辅以降低体系压强，可有效地加工膨化产品。例如，用通常的方法加热干燥使物料水分达到 15% ~ 20% 时，再用微波加热，同时快速降低微波加热系统的压强，使物料内包裹的气体急速释放出来，由此而产生体积较大的制品。

（3）油炸膨化食品加工

油炸膨化食品起源于马来西亚，是一种在许多东南亚国家颇受欢迎的酥脆型食品。随着世界各国食品工业的不断交流与渗透，这种油炸膨化食品作为一种风味食品

逐渐风行西方（英语名称为 Cracker）。近几年油炸膨化食品的生产工艺在美国有了进一步的改善，使产品的质量日趋完美，1989 年在英国伦敦举行的国际品尝会上，美国生产的油炸膨化食品口感极佳，受到专家们的广泛关注和赞许。

油炸膨化食品膨化原理是：利用淀粉在糊化老化过程中结构两次发生变化，先 α 化再 β 化，使淀粉粒包住水分，经切片、干燥脱去部分多余水分后，在高温油中使其中的过热水分急剧汽化而喷射出来，产生爆炸，使制品体积膨胀许多倍，内部组织形成多孔、疏松的海绵状结构，从而造成膨化，形成膨化食品。因此，膨化度是本产品的一个重要的特性指标。

二、挤压技术

挤压加工技术作为一种经济实用的新型加工方法广泛应用于食品生产中，并得到了迅速的发展。谷物食品的传统加工工艺一般需经粉碎、混合、成型、烘烤或油炸、杀菌、干燥等生产工序，每道工序都需配备相应的设备，生产流水线长，占地面积大，劳动强度高，设备种类多。采用挤压技术来加工谷物食品，原料经初步粉碎和混合后，即可用一台挤压机一步完成混炼、熟化、破碎、杀菌、预干燥、成型等工艺，制成膨化、组织化产品或制成不膨化的产品，这些产品再经油炸（也可不经油炸）、烘干、调味后即可上市销售，只要简单地更换挤压模具，便可以很方便地改变产品的造型。与传统生产工艺相比，挤压加工极大地改善了谷物食品的加工工艺，缩短了工艺过程，丰富了谷物食品的花色品种，降低了产品的生产费用，减少了占地面积，大大降低了劳动强度，同时也改善了产品的组织状态和口感，提高了产品质量。

（一）挤压加工原理

随着挤压技术的应用日益广泛，国内外科技工作者逐渐开始对食品的挤压原理有了一定的研究和了解。挤压研究内容包括原料经挤压后微观结构及物理化学性质的变化，挤压机性能及原料本身特性对产品质量的影响等，为挤压技术在新领域的开发应用奠定了基础。挤压机有多种形式，本书所论述的是螺杆挤压机，它主要由一个机筒和可在机筒内旋转的螺杆等部件组成。

食品挤压加工概括地说就是将食品物料置于挤压机的高温高压状态下，然后突然释放至常温常压，使物料内部结构和性质发生变化的过程。这些物料通常以谷物原料如大米、糯米、小麦、豆类、玉米、高粱等为主体，添加水、脂肪、蛋白质、微量元素等配料混合而成。挤压加工方法是借助挤压机螺杆的推动力，将物料向前挤压，物料受到混合、搅拌、摩擦以及高剪切力作用，使得淀粉粒解体，同时机腔内温度压力升高（温度可达 150 ~ 200℃，压力可达 1MPa 以上），然后从一定形状的孔瞬间挤出，由高温高压突然降至常温常压，其中游离水分在此压差下骤然汽化，水的体积可膨胀大约2000倍。膨化的瞬间，谷物结构发生了变化，生淀粉（β 淀粉）转化成熟淀粉（α 淀粉），同时变成片层状疏松的海绵体，谷物体积膨大了几倍到十几倍。

如图2-2所示，当疏松的食品原料从加料斗进入机筒内时，随着螺杆的转动，沿着螺槽方向向前输送，称为加料输送段。与此同时，由于受到机头的阻力作用，固体物料逐渐压实，又由于物料受到来自机筒的外部加热以及物料在螺杆与机筒间的强烈搅拌、混合、剪切等作用，温度升高，开始熔融，直至全部熔融，称为压缩熔融段。由于螺槽逐渐变浅，继续升温升压，食品物料得到蒸煮，出现淀粉糊化，脂肪、蛋白质变性等一系列复杂的生化反应，组织进一步均化，最后定量、定压地由机头通道均匀挤出，称为计量均化段。上述即为食品挤压加工的三段过程。

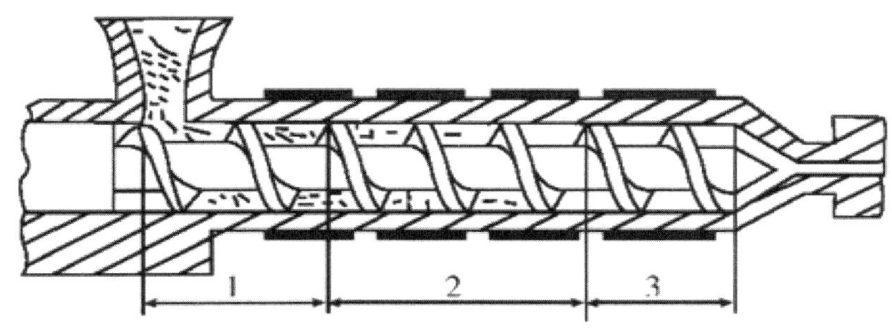

图2-2　挤压加工过程

1-加料输送段　2-压缩熔融段　3-计量均化段

图2-3较详细地说明了以膨化为主的食品的挤压加工过程。在第一级螺旋输送区内，物料的物理、化学性质基本保持不变。在混合区内，物料受到轻微的低剪切，但其本质仍基本不变。在第二级螺旋输送区内，物料被压缩得十分致密，螺旋叶片的旋转又对物料进行挤压和剪切，进而引起摩擦生热以及大小谷物颗粒的机械变形。在剪切区内，高剪切的结果使物料温度升高，并由固态向塑性态转化，最终形成黏稠的塑性熔融体。所有含水量在25%以下的粉状或颗粒状食品物料，在剪切区内均会出现由压缩粉体向塑性态的明显转化，对于强力小麦面粉、玉米碎粒或淀粉来说，这种转化可能在剪切区的起始部分；而对于弱力面粉或那些配方中谷物含量少于80%的物料来说，转化则发生在剪切区的深入区段。转化时，淀粉颗粒内部的晶状结构先发生熔融，进而引起颗粒软化，再被压缩在一起形成黏稠的塑性熔融体。这种塑性熔融体前进至成型模头前的高温高压区内，物料已完成全流态化，最后被挤出模孔，压力降至常压而迅速膨化。

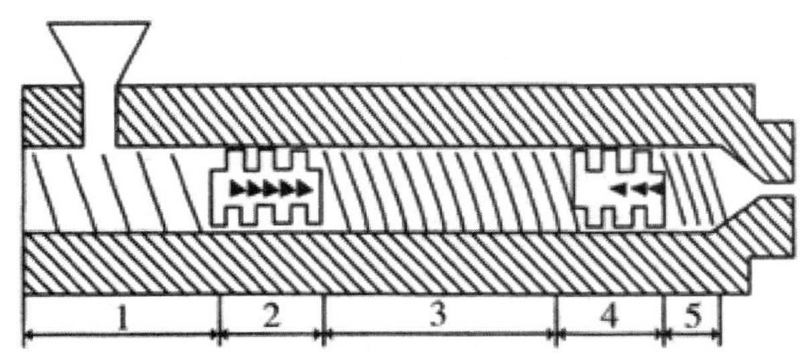

图 2–3　挤压膨化过程

1– 第一级螺旋输送区　2– 混合区　3– 第二级螺旋输送区

4– 剪切区　5– 高温高压区

有的产品不需要过高的膨化率，可用冷却的方法控制受挤压物料的温度不至于过热（一般不超过 100℃），以达到挤压产品不膨化或少膨化的目的。

在挤压过程中将各种食品物料加温、加压，使淀粉糊化、蛋白质变性，并使贮藏期间能导致食品劣变的各种酶的活性钝化，一些自然形成的毒性物质，例如大豆中的胰蛋白酶抑制剂也被破坏，最终产品中微生物的数量也减少了。在挤压期间，食品可以达到相当高的温度，但在这样高的温度下滞留时间却极短（5 ~ 10s）。因此挤压加工过程常被称为HTST过程。该过程使食品加热的有利影响（改进消化性）趋于最大，而使有害影响（褐变、各种维生素和必需氨基酸的破坏、不良风味的产生等）趋于最小。

（二）挤压加工的特点

食品挤压加工有许多特点，现主要归纳为如下六大方面。

1. 应用范围广

采用挤压技术可加工各种膨化和强化食品，加工适合于小吃食品、即食谷物食品、方便食品、乳制品、肉类制品、水产制品、调味品、糖制品、巧克力制品等许多食品生产领域，并且经过简单地更换模具，即可改变产品形状，生产出不同外形和花样的产品，因而产品范围广、种类多、花色齐，可形成系列化产品，有利于增强产销灵活性。还可以用于酿造食品的原料处理，提高出品率。

2. 生产效率高

由于挤压加工集供料、输送、加热、成型为一体，又是连续生产，因此生产效率高。小型挤压机生产能力为每小时几十千克，大型挤压机生产能力可达每小时十几吨以上，而能耗是传统生产方法的 60% ~ 80%。

3. 原料利用率高，无污染

挤压加工是在密闭容器内进行的，在生产过程中，除了开机和停机时需投少许原料作为头料和尾料，使设备操作过渡到稳定生产状态和顺利停机外，一般不产生原料浪费现象（头尾料可进行综合利用），也不会向环境排放废气和废水而造成污染。

4. 营养损失小，有利于消化吸收

由于挤压膨化属于高温短时加工过程，食品中的营养成分几乎不被破坏。但食品的外形发生了变化，而且也改变了内部的分子结构和性质，其中一部分淀粉转化为糊精和麦芽糖，便于人体吸收。又因挤压膨化后食品的质构呈多孔状，分子之间出现的间隙有利于人体消化酶的进入。未经膨化的粗大米，其蛋白质的消化率为 75%，经膨化处理后可提高到 83%。

5. 口感好，食用方便

谷物中含有较多的淀粉、维生素以及钙、磷等，这些成分对人体极为有益，但口感较差。谷物经挤压膨化过程后，由于在挤压机中受到高温、高压和剪切、摩擦作用，以及在挤压机挤出模具口的瞬间膨化作用，使得这些成分彻底地微粒化，并且产生了部分分子的降解和结构变化，使水溶性增强，改善了口感。经膨化处理后，由于产生了一系列的质构变化而使由体轻、松酥的小麦粉生产的“大米面包”具有独特的香味。大豆制品的豆腥味是大豆内部的脂肪氧化酶催化产生氧化反应的结果。挤压过程中的瞬间高温已将该酶破坏，从而也就避免了异味的产生。另外，一些自然形成的毒性物质，如大豆中的胰蛋白酶抑制因子等，也同样遭到破坏。膨化后的制品，其质地是多孔的海绵状结构，吸水力强，容易复水，因此不管是直接食用还是冲调食用均较方便。

6. 不易“回生”，便于贮藏

通常主食加工采用蒸煮的办法，如刚做好的米饭软而可口，但放置一段时间后即变硬而不好吃，即所谓“回生”。利用挤压技术加工，由于加工过程中高强度的挤压、剪切、摩擦、受热作用，淀粉颗粒在水分含量较低的情况下，充分溶胀、糊化和部分降解，再加上挤出模具后，物料由高温高压状态突变到常压状态，便发生了瞬间的“闪蒸”，因为糊化之后的 α 淀粉不易恢复其 β 淀粉的颗粒结构，而仍保持其 α 淀粉分子结构，故不易产生“回生”现象。

三、油炸技术

油炸食品是一种传统的方便食品。它利用油脂作为热交换介质，使被炸食品中的淀粉糊化，蛋白质变性以及水分变成蒸汽，从而使食品变热或成为半调理食品，使成品水分降低，具有酥脆或外表酥脆的特殊口感，同时由于食品中的蛋白质、碳水化合物、脂肪及一些微量成分在油炸过程中发生化学变化产生特殊风味，因此，油炸已成为食品加工及烹调中常用的重要技术之一。

（一）油炸理论

油炸是以食用油脂为热传递介质，油脂的热容量为2J/(℃g)，其升温快，流动性好，油温高(可达200℃以上)。油炸时热传递主要是以传导方式进行的，其次是对流作用。热量首先由热源传递到油炸容器，油脂从容器表面吸收热量再传递到食品表面。其后一部分热量由食品表面的质点与内部质点进行传导而传递到内部；另一部分热量直接由油脂带入食品内部，使食品内部各种成分很快受热而成熟。油炸过程中产生的分解物可分为两大类，一类为挥发性分解物（VDFs, Volatile Decomposition Products），另一类为非挥发性分解物（NVDFs, Nonvolatile Decomposition Products）。其中VDPs包括碳氢化合物、酮类、醛类及酸类等，部分VDPs可提供油炸食品的风味（其主要成分为2，4-癸二烯醛，系亚油酸所致），但部分VDPs却对油炸食品及油产生不良气味（为脂肪酸氧化而分解出的低级醇、醛、酮等成分，其中以丙烯醛为主）。

（二）油炸技术

食品在油炸时可分为五个阶段：

1. 起始阶段（Break-in）：被炸食品表面仍维持白色，无脆感，吸油量低，食物中心的淀粉未糊化，蛋白质未变性。

2. 新鲜阶段（Fresh）：被炸食品表面的外围有些褐变，中心的淀粉部分糊化，蛋白质部分变性，食品表面有脆感并有少许吸油。

3. 最适阶段（Optimum）：被炸食品为金黄色，脆度良好，风味佳，食品表面及内部的硬度适中、成熟。吸油量适当。

4. 劣变阶段（Degrading）：被炸食品颜色变深，吸油过度，食品变得松散，表面有变僵硬现象。

5. 丢弃阶段（Runaway）：被炸食品颜色变为深黑，表面僵硬，有炭化现象，制品萎缩。

油炸技术可分为常压油炸、减压油炸和高压油炸三大类。常压油炸油釜内的压力与环境大气压相同，通常为敞口，是最常用的油炸方式，通用面较广，但食品在常压油炸过程中营养素及天然色泽损失很大，因此，常压油炸比较适于粮食类食品的油炸成熟，如油炸糕点、油炸面包、油炸方便面的脱水等。减压油炸也称真空油炸，是将油炸油釜内的压力降至10 ~ 100Pa进行油炸，该方法可使产品保持良好的颜色、香味、形状及稳定性，脱水快，且因油炸环境中氧的浓度很低，其劣变程度亦相应降低，营养素损失较少，产品含水量低，酥脆。该法用来生产油炸果蔬脆片最为合适。高压油炸是使油釜内的压力高于常压的油炸法。高压油炸可解决长时间油炸而影响食品品质的问题，该法温度高，水分和油损失（挥发）少，产品外酥里嫩，最适合肉制品的油炸成熟，如炸鸡腿。

（三）影响油炸食品质量的因素

1. 油炸温度

温度是影响油炸食品质量的主要因素。它不仅影响食品炸制成熟程度、口感、风味和色泽，也是引起煎炸油本身劣变的主要因素。通常认为油炸的适宜温度是被炸食品内部达到可食状态，而表面正好达到正色泽的油温。一般油炸温度160 ~ 180℃为宜。油温高，煎炸油劣变快，产生气泡的时间也随油温升高而提前。多次油炸和长时间煎炸的油脂黏度增加很多，流动困难。因此，食品的油炸温度一般不要超过 200℃。

2. 油炸时间

油炸时间与油温的高低应根据食品的原料性质、块形的大小及厚薄、受热面积的大小等因素而适当控制。油炸时间过长，易使制品色泽过深或变焦，口味不适而成废品；油炸时间过短，则易使制品色泽浅淡、易碎、不熟。通常对富含维生素且需保持良好色泽的果蔬脆片采用短时（真空）油炸。而对肉制品及面包类食品采用较长的油炸时间。

3. 煎炸油和食品一次投放量的关系

油炸食品时，如果一次投放量过大，会使油温迅速降低，为了恢复油温就要加强火力，这势必会延长油炸时间，影响产品质量。如果一次投放量过小，会使食品过度受热，易焦煳，不同食品的一次投放量也有所不同，应根据食品的性质、油炸容器、火源强弱等因素来调整油脂和食品的投放量比例。

4. 煎炸油的质量

煎炸油的成分直接影响着油炸食品的质量。煎炸油具有良好的风味和起酥性，氧化稳定性高，一般要求氧化稳定性 AOM 值达 100h 以上，在油炸过程中不易变质，使油炸食品具有较长货架寿命的一种高稳定液态起酥油。天然动植物油脂（棕榈油除外）由于含有较高的不饱和脂肪酸，起酥性差，氧化稳定性低，故不适宜用作煎炸油。氢化植物起酥油（AOM 值为 100 ~ 1014）和棕榈油（AOM 值为 60 ~ 75）是较为理想的煎炸油。

（四）煎炸油劣变的因素及其防止方法

1. 影响煎炸油劣变的因素

油脂在煎炸过程中其理化性质发生了很大的变化。影响煎炸油劣变的因素很复杂，主要有以下几个方面。

（1）热氧化聚合物和分解物的产生：热氧化是油在煎炸过程中，在有空气存在的情况下所发生的激烈的高温氧化反应，并伴随热聚合和热分解。热氧化是游离基反应，最初受到氧分子攻击的地方，不饱和脂肪酸是在双键结合的附近，而饱和脂肪酸是在靠近酯结合处。热氧化的聚合分解首先以氢过氧化物开始裂解，生成的游离基攻击其他脂肪酸分子或氢过氧化物，生成水、烃游离基和过氧游离基，它们再相互结合成二聚解或含有含氧基团的二聚解。热氧化反应所生成的聚合物主要是含有羰基和羟基的碳碳结合物——以二聚解为主。热氧化的同时伴有热分解，其分解生成物为醛、酮、烃、醇、脂肪酸等。

（2）游离脂肪酸的增加：油炸过程中，油脂与食品中的水分或水蒸气接触，发生水解反应生成游离脂肪酸。油脂的水解速度与游离脂肪酸的含量成正比。水解反应最初很缓慢，当油脂中的游离脂肪酸含量达到 0.5% ~ 1.0% 时，水解速度大大加快，温度越高，煎炸油的品质越差。

（3）油炸釜材料的影响：油炸釜是用金属制成的，金属对油脂的氧化起促进作用。在各类金属中，铜和铁最为显著，其中铜的催化作用最大，因此，油炸釜应避免选用这两种金属制作。

（4）油炸食品内容物的溶出：食品煎炸过程中其内容物会溶出到煎炸油中，有些食品含有高不饱和脂肪酸，则会降低煎炸油的稳定性。有些食品会因氨基酸、多肽类及还原糖类溶出而产生美拉德反应，这些反应生成物会提高煎炸油的稳定性。有些食品尤其是含蛋制品含有磷脂类物质，会使油色变深并且有起泡现象。

2. 防止煎炸油劣变的方法

（1）提高煎炸油的周转使用率（Fat Turnover Rate）：油炸食品时，由于食品吸油，油的飞溅、生成了挥发物和聚合物等原因，煎炸油的数量不断减少，这就需要不断地补充新油。从已炸过的陈油完全被更换成新鲜油所需的时间（h），换算成每小时加入新鲜油的百分数，就叫作油的周转使用率（FTR）。

$$\mathrm{FTR}=\frac{OT}{WL}$$

式中：O——补充的新油量，kg；

T——补充新油的时间，h；

W——被炸生食品的重量，kg；

L——被炸食品的吸油量，kg。

FTR 越大，表示每小时补充的新油越多，其热变质程度越轻。FTR 值在 12.5%/h 以上时，煎炸油的劣变程度最轻；当 FTR 值在 1.5% ~ 7%/h 时，煎炸油的劣变非常显著。

提高 FTR 的方法：提高食品吸油量；缩短油炸时间，如在 170 ~ 180℃短时间内油炸大量食品可提高新油添加率；油炸技术操作正确；充分利用油炸装置内的油，使油层充满被炸的食品。

（2）防止热氧化：在物理方面设法阻断煎炸油表面的空气，如采用真空油炸装置，使用抽风柜或在油炸器皿上放置金属浮盖，在化学方面可添加抗氧化剂或硅油等。另外，油炸温度不宜过高，以不超过 200℃为宜，并应经常清洗油炸釜内的残渣。

四、脱水干燥技术

脱水是保存食品最古老的方法。水果在太阳下曝晒、鱼和肉的熏烤等都是源于古代的干燥方法。食品的干燥技术是古往今来利用的基本技术之一，也是近年来用以提高食品原料附加值的关键技术。最近，随着各食品企业对 HACCP 认识的加强及消费者对产品提出了高品质和更加细微化的要求，对食品原辅材料的干燥工艺和条件以及允许的加工误差也越来越严格。目前食品加工中经常利用的干燥技术有喷雾干燥、带式干燥、真空冷冻干燥等，近年来新开发应用的还有喷雾干燥加工造粒技术、微波等复合化干燥技术，运用这些新技术还有可能生产出风味独特的产品，以提高食品的品质。

食品生产中经常使用的是无损于食品风味、不易引起变色和变质的喷雾干燥、冷冻真空干燥和真空皮带式干燥等高品质干燥技术。由于高品质干燥方法的生产成本过高，往往必须对含有高水分的食品材料采取先进行浓缩处理，除去部分水分的前处理方法，以减少成本费用。尤其是液态物料，通过采取浓缩—干燥等单元操作组合可最终达到降低或除去水分的目的。现在，将干燥—造粒、干燥—粉碎、混合—干燥等单元操作复配组合，以便更有效地制造所需产品，即被称为工艺过程复合化。采用复合法干燥的原因是：采用单一的干燥装置时，干燥装置必须很庞大，排气温度高，排风量大。单元操作复合化的优点：可防止单一机器从原料到成品的过程中产生的污染和混入异物；减少发热量，降低制品生产成本；设备小型化，结构紧凑化，价格降低；达到省力化的目标。

（一）超声波干燥

超声波在液体中传播时，使液体介质不断受到压缩和拉伸。而液体耐压不耐拉，液体若受不住这种拉力，就会断裂而形成暂时的近似真空的空洞（尤其在含有杂质、气泡的地方），而到压缩阶段，这些空洞会发生崩溃。崩溃时，空洞内部最高瞬压可达几万个大气压，同时还将产生局部高温以及放电等现象，这就是空化作用。超声引起的空化作用在液体表面形成超声喷雾，使液体蒸发表面积增加，可提高真空蒸发器的蒸发强度与效率。这为食品工业中热敏性稀溶液物料的浓缩干燥提供了一条良好的途径。超声干燥与普通的加热和气流干燥相比，具有干燥速度快、温度低、最终含水率低且物料不会被损坏或吹走等优点，适合于食品、药品及生化制品的干燥。在食品加工中，还会遇到黏稠物料的干燥问题，超声喷雾器的问世解决了传统离心式喷雾头的黏料堵塞问题。它利用超声变幅杆端面的强烈振动使液体从喷口处快速喷出。此外，对食品进行超声脱水干燥不仅速度快、时间短、复水性好，而且食品的色、香、味和营养成分都能很好地得到保留。这种方法还适用于植物标本的制作。

（二）远红外线干燥

远红外线为波长 4.0 ~ 1000 μm 的电磁波（放射线），此波长易被生物吸收，对细胞的培养以及物质的合成起作用。其中 9.3 μm 波长的放射线具有抗氧化作用，可以使细胞活化，被称为培养光线。Vianov 株式会社开发出波峰为 9.3 μm 的面状远红外线加热元件，可设置在干燥箱的上下面和被干燥物料的上下两面。此加热元件具有温度自控机能，当达到干燥温度时，加热元件可以自动感知和调节（只是对感知的部分进行调节）。即发热体之间互相接触以及发热体与周边的介电体接触而导电，产生热量。由于发热，加热元件的分子膨胀，发热体与介电体分离，产生感应电流；当它们之间的距离超过一定值时，电流消失，元件开始冷却收缩。由于收缩，发热体之间的距离接近，再度导电而产生热量。此过程循环往复，实现了一定的温度调整（40 ~ 55℃）。这对于干燥食品相当重要——因为食品材料中的各种酶在 60℃以上时失活。

（三）低温真空油炸干燥

该方法是在真空条件下，把果品切块后投入高温油槽，均匀地脱去果品组织中所含的大量水分，再继续用油抽取装置进行部分脱油。这样所得果品脆片的含油量一般小于 25%，含水率小于 6%，而常压油炸食品的含油率为 40% ~ 50%。在低温真空中进行油炸，可以防止油脂劣化变质，不必加入其他抗氧化剂，油脂可以反复使用。与冷冻、热风干燥相比，该方法有如下优点：灭菌作用好；在真空条件下，使原料在 80 ~ 110℃脱水，有效地避免了果品蔬菜营养成分及品质的破坏；由于在真空状态下，果品细胞间隙的水分急剧汽化膨胀，体积迅速增加，间隙扩大，因此具有良好的膨化效果，产品的口感清脆，复水性好；可大幅度降低成本；干燥果品质量稳定，在空气中吸水性小，可长期保存。

（四）CO_2 干燥

该方法是用 CO_2 代替空气作为介质对果品进行干燥的方法。只要将传统的热风干燥设备稍加改造，增加 CO_2 循环管路和冷凝、加热装置，便可组成 CO_2 干燥果品新系统。用该工艺得到的干制果品质量好。与热空气干燥、真空干燥及冷冻干燥相比，CO_2 干燥法有以下优点：设备投资费用低，对热空气干燥设备进行改造即可；采用多效干燥、CO_2 循环利用和热泵干燥技术，能量消耗低；可在较低的温度及隔绝空气的状态下操作，不用油炸，不需使用抗氧剂及烟熏灭菌剂等化学药品，是生产纯天然绿色食品的理想干燥方法；产品质量好，不仅保留了原产品的色泽及风味，而且干燥过程对产品的物理化学性质影响很小，经 CO_2 干燥的果品不会像热空气干燥那样产生褐变和表面干缩，也不会像冷冻干燥那样使细胞迅速脱水。

（五）吸附式低温干燥技术

吸附式低温干燥技术属于热泵干燥。热泵干燥是目前应用于食品干制加工的主要方法，它的实质是冷风干燥，能耗低，干燥气流温度在 50℃以下，相对湿度在 15% 左右。它在一定程度上克服了热风干燥使物料表面硬化、干缩严重、营养成分损失大、复水后很难恢复到原状的缺点，但热泵干燥压缩机所用的制冷剂 CFCs 会破坏大气臭氧层，不利于环保。为克服以上各干燥方法的不足，华南理工大学化工所研究开发了一种全新的食品脱水分离法——吸附式低温干燥，这是一种以传质推动力为主的新型干燥工艺，制品原色原味、营养损失小、复水效果好；系统杀菌性能高、无环境污染、能耗低，且可利用低品位热源（太阳能、工业废热、换热器余热等）。干燥过程中干燥气流露点可达 -10℃以下，温度在 10 ~ 50℃内可调，特别适用于热敏性物料的干燥。研究所试验考察了干燥气流的湿度、温度、流速和物料表面积对胡萝卜薄片干燥特性的影响，并建立了干燥恒速、降速阶段水分传递的数学模型。经实验证明新型的食品脱水分离方法——吸附式低温干燥能以较低的能耗取得很好的干燥效果。

在工业生产中，由于物料的多样性及其性质的复杂性，有时用单一形式的干燥器来干燥物料，往往达不到最终产品的质量要求，如果把两种或两种以上的干燥器组合起来，就可以达到单一干燥所不能达到的目的，这种干燥方式称为组合干燥。组合干燥可以较好地控制整个干燥过程，同时又能节约能源，尤其适用于热敏性物料组合干燥，是干燥技术未来的发展趋势之一。

（六）微波—远红外干燥

由于单独使用微波干燥除去物料水分，设备的运转费用很高，引起了产品成本过高的问题，因此许多生产公司采用各种干燥方法配以微波干燥的方法来开发新产品。

日本千代田公司制作所开发生产的“超级干燥系统”是在减压条件下组合应用微波加热和远红外线加热的新型干燥装置。在减压条件下，物料内部水分的沸点降低，因此利用很少的热能就可以使之容易地蒸发为蒸汽状态，然后再通过微波加热将物料内部的水分挤出到外部表面，以微波和远红外线联用的加热方法将这些表面部分的水分快速汽化，最终制得优质的干燥物成品。这种干燥由于采用减压下低温加热使水分快速除去的方法，因此原材料原有的营养成分几乎完全不遭到损失，干燥成品充分保持了原有材料的营养成分。

（七）微波—冷冻干燥

冷冻干燥是指冻结物料中的冰直接升华为水汽的工艺过程。在干燥时，需要外部提供冰块升华所需的热量，升华的速率则取决于热源所能提供能量的多少。微波可克服常规干燥热传导率低的缺点，从物料内部开始升温，并由于蒸发作用使冰块内层温度高于外层，对升华的排湿通道无阻碍作用。微波还可有选择性地针对冰块加热。而已干燥部分却很少吸收微波能，因而干燥速率大大增加，干燥时间可比常规干燥缩短 1/2 以上。此外，因为微波—冷冻干燥物料干燥速度快，物料内冰块迅速升华，因而物料呈多孔性结构，更易复水和压缩，而且微波—冷冻干燥可更好地保留挥发性组分。相比较而言，微波—冷冻干燥比其他冷冻干燥方式更适合较厚物料的干燥。由于微波—冷冻干燥技术生产的产品品质与常规冷冻干燥没有多大差别，但加工周期大大缩短，因而微波—冷冻干燥在经济上较合算。

（八）喷雾—流化床组合干燥

喷雾干燥主要用来干燥液状物料，但当空气温度低于 150℃时，容积传热系数较低，为 83 ~ 418kJ/（m3·h·K），所用设备体积大，而且热效率不高。而流化床干燥主要用于固态颗粒的干燥，其热容量系数较大，为 8000 ~ 25000kJ/（m3·h·K）。将这两种干燥器组合起来干燥液状物料，和单纯利用喷雾干燥相比，在相同处理量的情况下，喷雾—流化床组合干燥减小了喷雾干燥塔的尺寸，节约了操作空间，产品质量较好。喷雾干燥和流化床干燥的组合在食品、医药和轻工产品干燥中均有应用，如奶粉的干燥，微囊化粉末酒的生产等。其组合形式有二级、三级干燥。

（九）气流—流化床组合干燥

气流干燥采用高温高速气体作为干燥介质，且气固两相间的接触时间很短，因此气流干燥仅适用于除去物料表面水分的恒速干燥过程。当产品的含水量要求很低，而用一个气流干燥管又很难达到要求时，应选择气流干燥和流化床干燥的二级组合系统，而不应该采用延长干燥管长度或再串联一套气流干燥管的方法。因为第一级气流干燥后剩下的水分已是难以除掉的结合水分，而流化床干燥器最适宜除掉部分这种水分。

五、腌制技术

食品的腌渍主要有食盐腌渍、糖腌渍、醋腌渍、酒腌渍四种类型。其中食盐和糖渍最为常见。

让食盐或糖渗入食品组织内，降低它们的水分活度，提高它们的渗透压，借以有选择地控制微生物的活动和发酵，抑制腐败菌的生长，从而防止食品腐败变质，保持它们的食用品质，或获得更好的感官品质，并延长食品的保质期，这种技术就是腌制技术。

糖渍品（Preserves）主要有果脯、蜜饯、果酱、果冻等。它们是利用蔗糖的保藏作用，将新鲜果品用糖腌渍后，制成的一种食品，分为蜜饯和果酱两大类。蜜饯类又分为干态蜜饯、湿态蜜饯和凉果。湿态蜜饯是以鲜果（胚）经糖渍或煮制，不经烘干或半干性的制品。干态蜜饯是鲜果（胚）经糖渍或煮制，烘干（或晒干）而成的制品。凉果是将果胚用糖、盐、甘草和其他多种辅料一起腌渍后，再经干制而成的。果酱类又分为果酱、果泥和果冻等。果品糖制后不保持果实或果块原料形状的制品，统称为果酱。筛滤后的果肉浆液，加或不加食糖、果汁和香料，煮制成质地均匀的半固态制品即为果泥。果泥中不加或加少量糖，加或不加香料制成的比较稀薄的制品常称为沙司。由果泥干燥成皮革状的制品称为果丹皮。果冻是以果汁、糖和其他辅料加工而成的凝胶状的酸甜制品。

腌制是鱼、肉、蛋类食物长期以来的重要保藏手段。可以直接利用腌渍和风干技术保藏，如咸肉、咸鱼、风鹅、咸蛋等腌制品。不少产品还利用霉菌的作用，分解蛋白质等高分子物质，使产品风味更好。如金华火腿等。腌禽蛋即用盐水浸泡或用含盐泥土腌制，并添加石灰、纯碱等辅料的方法制得的产品，主要有咸鸡蛋、咸鸭蛋和皮蛋。

（一）食品腌制理论基础

1. 扩散

扩散是分子或微粒在不规则热运动下，固体、液体或者气体（蒸汽）浓度均匀化的过程。扩散总是由高浓度向低浓度的方向进行，并且继续到各处浓度均等时停止，扩散的推动力是浓度梯度。

物质在扩散过程中，其扩散量和通过的面积及浓度梯度成正比，扩散方程可以写为：

$$dQ = -DF\frac{dc}{dx}d\tau$$

式中：Q——物质扩散量；

D——扩散系数（因溶质及溶剂的种类而异）；

F——扩散通过的面积；

dc/dx——浓度梯度（c 为浓度，x 为间距）；

τ——扩散时间。

经过变换，扩散系数 D 可以写成：

$$D = \frac{dQ / d\tau}{F\left(dc / dX\right)}$$

爱因斯坦假设扩散物质的粒子为球形时，扩散系数 D 可以写成如下形式：

$$D = \frac{RT}{6N\pi r\eta}$$

式中：D——扩散系数，在单位浓度梯度的影响下，单位时间内通过单位面积的溶质量，m^2/s；

R——气体常数，8.314J/（K·mol）；

N——阿伏伽德罗常数，6.023 × 1023；

T——绝对温度，K；

η——介质黏度，Pa·s；

r——溶质微粒（球形）直径，应比溶剂分子大，并且只适用于球形分子，m。

0 食品腌制过程中溶质扩散速率因扩散系数、扩散通过的面积和溶液浓度梯度而异。扩散系数则取决于扩散物质的种类和温度。温度（T）越高，粒子直径（r）越小，介质的黏度（η）越低，则扩散系数（D）越大。

2. 渗透

渗透是溶剂从低浓度溶液经过半透膜向高浓度溶液扩散的过程。半透膜就是只允许溶剂（或小分子）通过而不允许溶质（或大分子）通过的膜。细胞膜就属于半透膜。从热力学观点看，溶剂只从外逸趋势较大的区域（蒸汽压高）向外逸趋势较小的区域（蒸汽压低）转移，由于半透膜孔眼非常小，所以对液体溶液而言，溶剂分子只能以分子状态迅速地从低浓度溶液中经过半透膜孔眼向高浓度溶液内转移。

食品腌制过程，相当于将细胞浸入食盐或食糖溶液中，细胞内呈胶体状态的蛋白质不会溶出，但电解质则不仅会向已经死亡的动物组织细胞内渗透，同时也向微生物细胞内渗透，因而腌渍不仅阻止了微生物对水产品营养物质的利用，也使微生物细胞脱水，正常生理活动被抑制。

渗透压取决于溶液溶质的浓度，和溶液的数量无关。范特·荷夫（Van’t-Hoff）经研究推导出稀溶液（接近理想溶液）的渗透压值计算公式：

$Ц = cRT$

式中：Ц——溶液的渗透压，k Pa；

c——溶质的物质的量浓度，mol/L；

R——气体常数，8.314J/（K·mol）；

T——绝对温度，K。

若将许多物质特别是 Na Cl 分子会离解成离子的因素考虑在内，式（1-4）还可以进一步改为：

$Ц = icRT$

式中：i——包括物质离解因素在内的等渗系数（物质全部解离时 i=2）。

以后布尔又根据溶质和溶剂的某些特性进一步将范特·荷夫公式改成下式：

$Ц = (\rho_1 100M)CRT$

式中：ρ_1——溶剂的密度，g/L；

C——溶质的质量分数，g/100g；

M——溶质的摩尔质量，g/mol。

此式对理解食品腌制中的渗透过程较为重要。前面提到过腌制速度取决于渗透压，而渗透压与温度和浓度成正比，因此为了加快腌制过程，应尽可能在高温度（T）和高浓度溶液（C）的条件下进行。从温度来说，每增加 1℃，渗透压就会增加 0.30% ~ 0.35%。所以糖渍常在高温下进行。盐腌则通常在常温下进行，有时采用较低温度，如在 2 ~ 4℃。渗透速率还和溶剂密度（ρ 1）及溶质的摩尔质量（M）有一定关系。不过，溶剂密度对腌制过程影响不大，因为腌制食品时，溶剂选用范围十分有限，一般总是以水作为溶剂。至于溶质的摩尔质量则对腌制过程有一定影响，因为对建立一定渗透压来说，溶质的摩尔质量越大，需用的溶质质量也越大。若溶质能够离解为离子，则能提高渗透压，用量显然可以减少些。例如选用相对分子质量小并且能在溶液中完全解离成离子的食盐时，当其溶液浓度为 10% ~ 15% 时，就可以建立起与 300 ~ 600k Pa 相当的渗透压，而改用食糖时，溶液的浓度需达到 60% 以上才行。这说明糖渍时需要的溶液浓度要比用盐腌制时高得多，才能达到保藏的目的。

3. 扩散渗透平衡

食品的腌制过程实际上是扩散和渗透相结合的过程。这是一个动态平衡过程，其根本动力是浓度差的存在。当浓度差逐渐降低直至消失时，扩散和渗透过程就达到平衡。

食品腌制时，食品外部溶液和食品组织细胞内部溶液之间借助溶剂的渗透过程及溶质的扩散过程，浓度会逐渐趋向平衡，其结果是食品组织细胞失去大部分自由水分，溶质浓度升高，水分活性下降，渗透压得以升高，从而可以抑制微生物的侵袭造成的腐败变质，延长食品保质期。

（二）腌制的防腐原理

1. 食盐浓度与微生物生长繁殖的关系

食盐对微生物的影响，因其浓度而异，低浓度时几乎没有作用。有些种类的微生物在 1% ~ 2% 的食盐中反而能更好地发育。事实上食盐对微生物的抑制作用，较其他盐类更弱。但是高浓度的食盐对微生物有明显的抑制作用。这种抑制作用表现为降低水分活度，提高渗透压。盐分浓度越高，水分活度越低，渗透压越高，抑制作用越大。此时，微生物的细胞由于渗透压作用而脱水、崩坏或发生原生质分离。但产生抑制效果的盐浓度对于各种微生物不一样，一般腐败菌为 8% ~ 12%，酵母、霉菌分别为 15% ~ 20% 和 20% ~ 30%。一些病原菌比腐败菌在更低的浓度即被抑制。食盐的抑制作用因低 pH 值或其他贮藏剂（如苯甲酸盐）的复合作用而提高。食盐浓度达到饱和时的最低水分活度约为 0.75，这种水分活度范围，并不能完全抑制嗜盐细菌、耐旱霉菌和耐高渗透压酵母的缓慢生长。因此，在气温高的地区与季节，腌制品仍有腐败变质的可能。

2. 腌制的防腐作用

（1）渗透压的作用

微生物细胞实际上是有细胞壁保护及原生质膜包围的胶体状原生浆质体。细胞壁是全透性的，原生质膜则为半透性的，它们的渗透性随微生物的种类、菌龄、细胞内组成成分、温度、pH 值、表面张力的性质和大小等因素变化而变化。根据微生物细胞所处溶液浓度的不同，可把环境溶液分成三种类型，即等渗溶液（Isotonic Solution）、低渗溶液（Hypotonic Solution）和高渗溶液（Hypertonic Solution）。

等渗溶液就是微生物细胞所处溶液的渗透压与微生物细胞液的渗透压相等，例如 0.9% 的食盐溶液就是等渗溶液（习惯上称为生理盐水）。在等渗溶液中，微生物细胞保持原形，如果其他条件适宜，微生物就能迅速生长繁殖。

低渗溶液指的是微生物细胞所处溶液的渗透压低于微生物细胞的渗透压。在低渗溶液中，外界溶液的水分会穿过微生物的细胞壁并通过细胞膜向细胞内渗透，渗透的结果是微生物的细胞呈膨胀状态，如果内压过大，就会导致原生质胀裂(Plasmoptysis)，不利于微生物生长繁殖。

高渗溶液就是外界溶液的渗透压大于微生物细胞的渗透压。处于高渗溶液的微生物，细胞内的水分会透过原生质膜向外界溶液渗透，其结果是细胞的原生质脱水而与细胞壁分离，这种现象称为质壁分离（Plasmolysis）。质壁分离的结果是细胞变形，微生物的生长活动受到抑制，脱水严重时会造成微生物死亡。腌制就是利用这个原理来达到保藏食品的目的。在用糖、盐和香料等腌渍时，当它们的浓度足够高时，就可抑制微生物的正常生理活动，并且还可赋予制品特殊的风味及口感。

在高渗透压下，微生物的稳定性决定于它们的种类，其质壁分离的程度决定于原生质的渗透性。如果溶质极易通过原生质膜，即原生质的通透性较高，细胞内外的渗透压就会迅速达到平衡，不再存在质壁分离的现象。因此微生物种类不同时，由于其原生质膜也不同，对溶液的反应也就不同。因此腌制时不同浓度盐溶液中生长的微生物种类也就不同。

1% 的食盐溶液就可以产生 0.830MPa（计算值）的渗透压，而通常大多数微生物细胞的渗透压只有 0.3 ～ 0.6MPa，因此高浓度食盐溶液（如 10% 以上）就会产生很高的渗透压，对微生物细胞产生强烈的脱水作用，导致微生物细胞的质壁分离。

（2）降低水分活度的作用

食盐溶解于水中，离解出来的 Na+ 和 Cl- 与极性的水分子通过静电引力作用，在每个 Na+ 和 Cl- 周围都聚集了一群水分子，形成了水化离子。食盐浓度越高，Na+ 和 Cl- 的数目越多，所吸收的水分子就越多，这些水分子因此由自由状态转变为结合状态，导致了水分活度的降低。

第三节　食品卫生要求

食品的卫生状况，直接关系到人民的身体健康和生命安全。如果食品不卫生，其中的各种有害因素会损害人体健康，甚至危及生命和子孙后代，影响民族的兴旺发达。为了保证食品卫生质量，防止食品污染，预防食物中毒和其他食源性疾病对人体的危害，确保人民身体健康，就必须加强食品卫生管理。中华人民共和国成立以来，我国政府十分重视食品生产和经营的卫生管理，颁布了许多食品卫生标准和管理办法。这些法规对加强食品卫生管理，提高食品卫生质量起到了很好的作用。2009年2月28日，十一届人大常委会第七次会议通过了《中华人民共和国食品安全法》，2009年6月1日开始实施，2015年4月24日由中华人民共和国第十二届全国人民代表大会常务委员会第十四次会议修订通过，2015年10月1日起施行，2018年12月29日第十三届全国人民代表大会常务委员会第七次会议通过决定：对《中华人民共和国食品安全法》做出修改。国家又陆续制定和颁布了一批食品卫生标准、食品卫生管理办法、食品企业卫生规范等单项法规和相应的检验方法。逐步建立了食品卫生法规体系，从而使食品卫生监督管理工作有法可依、有章可循，使之逐步纳入了法律监督体系。全国性的食品卫生监督管理网络已形成，并逐步实现了食品卫生管理的标准化、规范化，通过食品卫生技术规范，不断把食品卫生最新科学成就应用于食品卫生管理。

一、对食品企业建筑设备的卫生要求

（一）选址要求

食品企业除应考虑企业对外界环境的污染外，还要考虑周围环境对食品的污染。例如，食品加工厂应建在放射性工作单位的防护监测区外，并应远离其他污染源。良好的环境卫生是保证食品卫生的重要条件，对水源、能源、交通、风向、污水及废弃物处理和可能污染本厂的场所等条件都应充分考虑，并须符合城乡规划卫生要求。

（二）建筑卫生要求

为了使食品企业的新建、扩建、改建工程符合卫生要求，在设计时就应当严格按照《食品企业建筑卫生标准及管理条例》的要求进行。厂房设计要能达到防止食品污染并满足其他条件（如设置生产流水线、留有一定的原料存放面积、车辆通行等），以保证食品质量。

建筑物应便于清洁消毒，能够防尘、防蝇和防鼠，采光通风良好。墙和天花板应采用光滑材料，墙壁有1.52m须用瓷砖或水泥覆盖。天花板交接处、墙根、墙角都要求弧面结构，以便于清洗。地面应耐腐蚀并有适当斜度，冲洗后不积水。排水沟要严密加盖，排水沟口应有防鼠设备。应设有符合卫生要求的净化水设备及防尘、防蝇设施。卫生设施和“三废”治理设备要与主体工程同时设计、同时施工、同时投产使用。

（三）生产设备和用具的卫生要求

食品生产设备、工具和容器与食品密切接触，在一定情况下往往有污染食品的可能，故应有一定的卫生要求，设备的选择应符合以下卫生要求：

1. 凡与食品直接接触的机器部件及器具、容器必须使用对人体无害和耐腐蚀的材料制成，并且不影响成品的色泽、香气、风味和营养成分。由于铜离子易引起食品变化、变味、油脂酸败和维生素损失，最好不使用铜制设备和器具。

2. 设备与食品直接接触的部位，均应有光滑的表面，加工的零件不应有裂缝、砂眼、小孔等，最好进行磨光处理。

3. 凡与食品直接接触的部件，均应易于拆装以便清洗、检查和修理，接口和转角处均应成圆角。搅拌装置通常可采用能拆装的搅拌叶和轴，以便能拆下清洗。

4. 较长的封闭式运输带和槽，应设有活络板，以便能开启清洗。

5. 一般的工艺物料管道、阀、接头等，均应采用光洁和耐腐蚀材料制成，并要求拆装方便，以便于清洗。

6. 生产设备中的空气管道应设有过滤装置，筛网尽可能采用有孔的金属板制成。

7. 食品设备的螺牙部件应能拆装，便于清洗，内螺牙不应采用。

8. 机械设备上的润滑油含有多氯联苯，对人体有害，故应采取措施防止润滑油污染食品。

9. 固定设备要便于工作人员进入进行彻底清洗。冷藏设备及杀菌设备应有准确的温度仪表。

10. 食品生产设备在设计结构上要求便于清洗、消毒，便于拆装，管道不得有盲端。

二、食品生产经营过程的卫生管理

（一）食品生产加工的卫生要求

为了保证产品卫生质量，生产操作人员应严格执行生产卫生操作规程，搞好岗位卫生责任制。各生产工序的操作人员应根据原料、半成品及成品的卫生质量要求，进行自检、互检，人人把关，生产合格产品。在搞好群检的基础上，加强专职检验工作。工厂卫生管理、监督、检验人员应根据上述各项卫生要求对工厂环境、车间、生产设备、生产操作、生产人员等方面的卫生状况，开展全面卫生检查工作，进行认真的监督管理。其中应特别注意搞好原辅材料、生产工艺和成品卫生质量的检查、化验工作。

首先，检验人员应对到厂原辅材料进行检验，如果来料已腐败变质应立即停止验收，不得让不合格原料投入生产。其次，对生产工艺、设备的卫生状况进行监督检查。例如，检查原料的预煮、烫漂、油炸、烘烤及产品杀菌等处理是否符合工艺操作规程规定的温度与时间；产品配料中加入的食品添加剂是否按国家卫生标准规定执行等。在检查过程中应进行记录，若发现有违反卫生操作规程，影响产品卫生质量之处，应及时采取措施加以纠正。最后应检查成品质量是否符合食品卫生标准的有关规定。成品检验应按国家卫生标准和检验规程进行。尚未制定国家卫生标准的食品，应进行卫生学调查，并结合食品在原料和生产过程中可能带入的有毒有害物质进行检测，然后根据毒性情况及参照同类食品的卫生标准制定出地区性的卫生标准。一般来说，国家标准是最起码的标准。地方卫生标准不得低于同类食品国家卫生标准。

产品质量标准一般由主管部门或者企业制定，国家还没有制定该类食品卫生标准的食品，可由生产主管部门或企业提出卫生标准或指标，经国家卫生行政部门同意后，在产品质量标准中列入。总之，食品企业不得生产无卫生质量标准的产品，经检验不合格的产品不得出厂、出售。

食品生产中使用间歇式生产设备及手工操作者较多，某些传统的旧生产工艺也容易造成食品污染。通过技术改造逐步实现食品生产的机械化、连续化、自动化，减少食品污染机会，提高食品卫生质量。积极采用新工艺、新设备、新材料，从根本上解决食品污染问题。例如采用液体烟熏新工艺，就可以解决熏制品易被3，4-苯并芘污染的问题。所以，实现食品生产的现代化是保证食品卫生质量的重要途径。

此外，为了保证食品卫生质量，还应加强食品的计划性。根据本企业原料仓库、冷藏库、成品仓库、生产车间的大小和生产能力，确定原料收购量和生产量。不能无计划进料，因原料库、冷藏库的库位不足而造成原料腐败变质或霉变、虫蛀。同时，易变质食品还应以销定产。要加强市场观念，根据市场需要来确定生产量，避免因盲目生产造成产品长期积压而腐败变质，或降低商品价值。

（二）食品储存过程的卫生管理

食品储存过程的卫生管理是食品卫生管理的重要环节。为了防止食品储存过程中的霉变、腐烂、虫蛀及腐败变质，保证食品的卫生质量，须创造良好的储存条件，积极采用辐照保存、化学保鲜、气调贮藏等食品保藏新技术，还必须搞好食品储存过程的卫生管理。不同的食品要求不同的储存条件，各种食品最适宜的储存温度、湿度不完全相同，储存期也不相同，但一般以较低的温度为宜。按温度要求，仓库可分为冷藏库及一般常温仓库。加强冷藏库的卫生管理主要应采取以下措施。

1. 制定冷藏库卫生管理制度、食品进出库检查制度等各项规章制度，并严格执行。

2. 冷藏库应设有精确控制温度、湿度的装置。冷藏库温度的恒定对保证食品的卫生质量极为重要，所以应按冷藏温度要求准确控制，尽量减少温度的波动。

3. 入库食品应按入库日期、批次分别存放，先进先发，防止冷藏食品超过冷藏期限。在贮藏过程中，应做好卫生质量检查及质量预报工作，及时处理有变质征兆的食品。

4. 搬运食品出入库时，操作人员要穿工作服，避免脚踏食品，必要时应穿专用靴鞋。

5. 冷藏库、周围场地和走廊及空气冷却器应经常清扫，定期消毒。冷藏库及工具设备应经常保持清洁，注意搞好防霉、除臭和消毒工作。库房的墙壁和天棚应粉刷抗霉剂。除臭时可先将食品搬出，每 100m^3 的库房用 1 台 10g/h 的臭氧发生器，除臭效果良好。库房消毒可使用次氯酸钠溶液等消毒剂，消毒前将食品全部搬出，消毒后经通风晾干方可使用。用紫外线对冷库进行辐照杀菌，操作简便，效果良好。

（三）食品运输的卫生管理

食品在运输过程中，是否受到污染或发生腐败变质与运输时间的长短、包装材料的质量和完整程度、运输工具的卫生情况以及食品种类有关。食品在运输过程中，特别是长途运输散装的粮食、蔬菜以及生熟食品、易于吸收气味的食品与有特殊气味的食品或与农药、化肥等物资同车装运时，常会使食品造成污染。造成食品污染的主要原因是没有认真执行防止污染的各项规定，例如：被污染的车厢、船舱没有按规定清扫、洗刷，装运食品前没有认真检查；农药、化肥和其他化工产品包装不符合要求，散漏后污染车、船，从而污染食品。因此，应不断改善食品运输条件，加强卫生管理。

三、食品企业的卫生制度

食品企业应该根据食品卫生法规、条例的要求，结合本企业具体情况制定一些必要的卫生制度，这是保证食品卫生质量的重要措施。应针对食品卫生质量有重要影响的各个生产环节和比较容易出现的卫生问题制定相应的措施。例如，环境卫生制度、车间和器具的清洁和消毒制度、个人卫生制度、原辅材料和成品质量检验制度、卫生操作规程和岗位卫生责任制等。在制定和贯彻本企业卫生制度时，应组织职工认真讨论，使从业人员加强对人民身体健康负责的责任感，自觉地遵守执行。卫生制度的贯彻执行，要设专职机构或设专人负责，定期检查，总结经验，不断改善企业的卫生工作。

（一）食品从业人员的健康管理

食品企业的从业人员，尤其是直接接触食品的生产工人、售货员等的健康状况，直接关系到广大消费者的健康，如果这些人患有传染病或是带菌者，就容易通过被污染的食品造成传染病的传播和流行。因此，加强食品从业人员的健康管理是贯彻“预防为主”的一项重要措施。食品生产经营人员每年必须进行健康检查，取得健康证后方可参加工作，无证不得参加食品生产经营。凡患有痢疾、伤寒、病毒性肝炎等消化道传染病（包括病原携带者），活动性肺结核，化脓性或者渗出性皮肤病及其他有碍食品卫生的疾病者，不得参加接触直接入口食品的工作。对于具有上述传染病的人员，应迅速调离直接接触食品的工作岗位，待治愈后，方可恢复工作。

（二）食品工厂的消毒

食品工厂的消毒工作是保证食品卫生质量的关键。食品工厂各生产车间的桌、台、架、盘、工具和生产环境应每班清洗，定期消毒。严格执行各食品厂的消毒制度，确保卫生安全。常用的消毒方法有物理方法，如煮沸、汽蒸等；化学方法，如使用各种化学药品、制剂进行消毒。各工厂可根据消毒对象不同采用不同的方法。消毒效果的鉴定目前没有统一的标准。一般认为消毒后，原有微生物减少 60% 以上为合格，减少 80% 以上为效果良好。另一种意见是按容器的有效面积计算，即每平方厘米细菌数 5 个以下为消毒良好；5 ～ 19 个为效果较差；20 个以上为消毒效果不好。大肠菌群在 $50cm^2$ 面积内不得检出。食品工厂的消毒药品常用的有漂白粉溶液、烧碱溶液、石灰乳、高锰酸钾溶液、酒精溶液等。

（三）食品工厂的防霉

食品工厂加工车间的天花板及墙壁上发生霉菌，不仅影响美观，而且在这种环境中生产的食品，因霉菌污染的变质率异常增高，更为严重的是在这些霉菌污染的食品中，检出了如黄曲霉毒素等霉菌毒素。因此，对食品的防霉应引起足够的重视。

大部分食品厂都有霉菌污染问题，不仅制品受损，连工厂的设备、建筑物等也都会受到侵蚀。所以考虑防霉时，除建筑材料外，还要注意建筑设计。用防霉涂料或添加防霉剂，再用防霉涂料修饰。选定食品厂用涂料的条件应是：不剥落，异味少，表面平滑，耐药性能好，抗霉力强，此外还应考虑涂料对气候、水、药品、热能的耐性和操作的方便与否，以及涂料的黏着性、浸透性、干燥性、耐磨性和光泽等。常用的有氯乙烯树脂漆、合成树脂乳胶漆、丙烯胺甲酸乙酯涂料和综合防霉研究所创制的涂料。

（四）食品工厂的防虫工作

食品工厂防虫管理是食品工厂卫生管理的重要环节。各种昆虫对食品卫生危害甚大，苍蝇、蟑螂等可传播致病菌，各种蛀虫可蛀食食品，食品中混入的昆虫成为恶性杂质而造成废次品。食品工厂防虫管理的基本措施是：

1. 清理环境，清扫、除杂草、清洗、消毒，保持环境及车间卫生以防止害虫的滋生。

2. 对车间门窗、排风扇、排风口、下水道、投料口、废料出口、电梯等昆虫易于侵入的部位采取风幕、水幕、纱窗、罩网、塑料门帘、防蝇暗道等设施，防止昆虫侵入。现代化食品加工厂则多采取全封闭车间内设空调装置，以防止害虫侵入。

3. 对于侵入车间内的昆虫则采取电子杀虫器、雌性昆虫性激素扑虫器（诱扑雄虫）、杀虫剂等方法杀灭。

4. 对于随原辅材料、容器、运输工具带入车间的昆虫（如茶蛀虫、蠃鱼、蜘蛛等），则应加强原辅材料的检验，容器及运输工具的清洗、消毒与清扫，做好进料验收。

第三章　典型食品生产线及机械设备

食品加工是将原辅料转化为成品的制造过程。这种制造过程的基础是工艺，它包括了产品配方、工艺流程和工艺条件等要素。产品配方决定了各种原辅料成分在产品中的量化配比，工艺流程决定原辅料介入制造过程的时序以及在制造过程中需要经过的物理或化学转化的步骤，工艺条件则规定了原辅料及中间产品在加工过程中转化的条件参数等。

食品制造的工业化生产，最终依赖于由一系列符合工艺要求的加工设备组成的生产线。在满足工艺要求的前提下，相同产品的生产线可以选用不同型式和数量的生产设备。在一定条件下，不同产品的生产线可以部分地共用型式和数量相同的生产设备。设备选型的要点之一是最大限度地利用有限的设备，构成尽可能多的产品生产线。这种生产线分时或同时利用和共享加工机械设备。

食品加工的特点之一是产品种类繁多。因此，本章所讨论的生产线不可能将食品领域所有产品的加工都包含进去，而是选择了部分代表性的产品：果蔬制品类、肉制品类、乳制品类、糖果制品类和软饮料制品类。

第一节　果蔬制品生产线

果蔬原料可以加工成果肉、果汁罐头，也可以通过榨汁加工成浓缩制品等，还可以加工成其他产品，如速冻制品、腌制品和干制品等。果蔬原料或制品的酸度有不同类型，因此，不论是罐头或是经过浓缩后的产品，其杀菌条件也不同。酸性产品只需常压杀菌，而非酸性的则需要高压杀菌，否则要求冷藏或冻藏。干制品和腌制品则在一定条件下不经过杀菌便可以在常温下贮存。在此，我们以果蔬罐头产品为例，介绍果蔬制品的生产线。

一、糖水橘子罐头生产线

糖水橘子是一种典型的酸性罐头产品例子。加工糖水橘子的原料为带皮橘子，虽然不同品种的橘子均可以加工成罐头，其工艺参数也有所差异，但基本的流程及所用的设备相同。

糖水橘子罐头生产线流程如图 3-1 所示。进入工厂或仓贮的原料橘子，首先要在分级机上按大小规格进行分级。

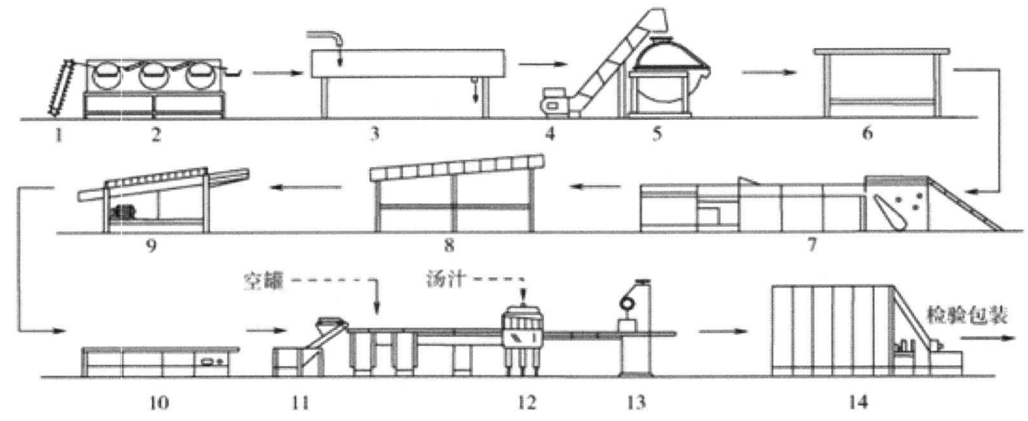

图 3−1 糖水橘子罐头生产工艺流程图

1—提升机 2—分级机 3—流水漂洗槽 4—提升机 5—烫橘机 6—剥皮去络操作台

7—分瓣运输机 8—连续酸碱漂洗流槽 9—橘瓣分级机 10—选择去籽输送带

11—装罐称量输送带 12—加汁机 13—封罐机 14—常压连续杀菌机

分级后的橘子进入清洗槽用流动水进行清洗，以除去表面的泥土和污物。

清洗后的橘子由升运机送入烫橘机进行热烫。烫橘机可以根据品种及大小的不同，对热烫的水温和热烫时间进行调节。

热烫后的橘子应趁热将橘子皮剥去，将橘络除去，并将橘瓣分开。这些操作虽然可以利用机械完成，但至今仍多由人工操作完成。需要为人工操作安排适当的操作台面，对于带有选择性操作成分的去橘络及分瓣等操作，可以安排人员在带式输送机两侧完成。

分开的橘瓣需要进行酸、碱处理，再用清水漂洗。这三步可在流送槽中以连续方式完成。

在流送槽经过酸碱处理并清洗后的橘瓣，随后在辊筒式分级机中按大小进行分级。分级机的原理是：橘瓣由输送带送入进料盘、经水淋冲分别进入八对旋转着的分级辊，通过分级辊间的锥形缝隙将橘瓣按需要的规格进行分级，分级后的橘瓣分别再由输送槽流出。

分级后橘瓣要求去除囊衣及核。这一操作在输送带两侧由人工完成，具体做法是：橘瓣装入带水盆中逐瓣去除残余囊衣、橘络及橘核，并洗涤一次。

装罐称量输送带也是一条辅助人工完成装罐操作的输送带。在此，操作工将橘瓣按大小规格定量装入预先经过清洗消毒的空罐。

内装定量橘瓣的罐头由输送带向前输送至加汁机加汁。（根据罐型而定的）加汁机将煮沸并冷却至 85℃左右的糖液定量注入罐内。

加汁后的罐头由真空封罐机进行真空抽气封口。需要指出的是，真空封口机也可用蒸汽加热排气机和常压封口机结构代替，但后者目前基本不再采用，原因是占地面积大，操作也不方便。

封口后的罐头应及时进行杀菌，糖水橘子罐头属于酸性食品，因此，用常压杀菌装置进行杀菌。显然，只要满足杀菌条件，也可用其他型式的设备替代，图中所示为多层式常压连续杀菌机。

二、蘑菇罐头生产线

蘑菇罐头是典型的非酸性蔬菜类原料的罐头制品。工业生产中，一般以鲜蘑菇为原料，加工过程涉及原料清洗、预煮、分级、切片、装罐、封口、杀菌、包装成为成品。其加工生产线的工艺流程如图 3-2 所示。

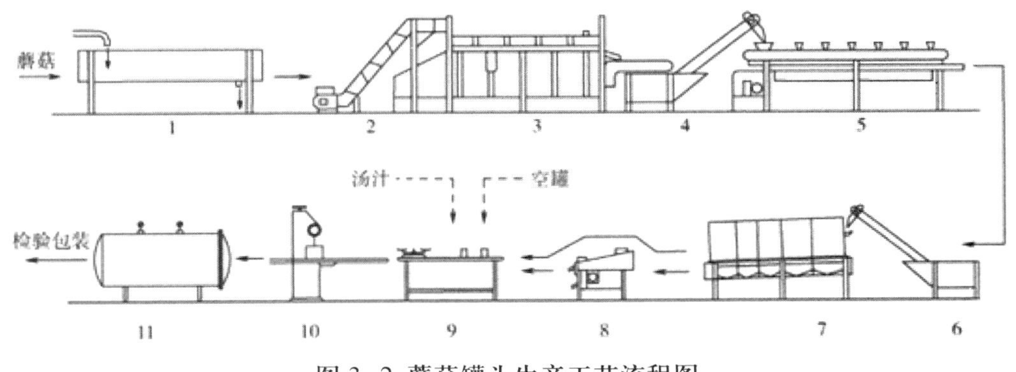

图 3-2　蘑菇罐头生产工艺流程图

1—蘑菇流动水漂洗槽　2—升运机　3—蘑菇连续预煮机　4—冷却升运机　5—带式检验台　6—升运机　7—蘑菇分级机　8—蘑菇定向切片机　9—装罐称量台　10—封罐机　11—杀菌锅

原料蘑菇一般在产地验收，运至厂内的原料蘑菇首先在有流动水的漂洗槽内进行漂洗（60 ~ 90min）。其目的一是护色，二是防止加工不及时而产生的干耗。在漂洗过程中，蘑菇必须全部浸没于水中，防止变色。

经过漂洗的蘑菇随后通过升运机送入连续预煮机预煮。一般采用本书第七章介绍的螺旋式预煮机。由于这种设备不带冷却装置，因此，从预煮机出来的蘑菇需要得到冷却，然后送入下一个处理工位。

预煮冷却后的蘑菇需要进行挑选，将其分成整菇及片菇两种。泥根、菇柄过长或起毛、病虫害、斑点菇等应进行修整。修整后不见褶的可作整菇或片菇，否则只能作碎片菇。这些操作目前仍需人工完成。因此，这一工段主要是供人工挑选用的输送操作台。

用作整菇的蘑菇需要按大小分级后才能装罐。一般采用圆筒分级机进行分级。一般蘑菇直径大小分为 18 ~ 20mm，20 ~ 22mm，22 ~ 24mm，24 ~ 27mm，27mm 以上及 18mm 以下 6 级。分级机的结构原理参见本书第四章相关内容。

作片菇用的原料可用定向切片机纵切成 3.5 ~ 5.0mm 厚的片状。分级后或切片后的蘑菇随后进入装罐工段。装罐和加汤汁目前仍采用人工定量操作，一般用台式电子秤进行定量。需要装罐的蘑菇装在适当的大容器中，装罐前需要淘洗 1 次。因此，这一工段的设施也是操作台。装罐时，按配方定量装入蘑菇、注入盐水（盐水温度 80℃以上）。同样需要注意的是，罐头在装罐前需要进行清洗消毒。产量大时可以用洗罐机器进行清洗。

装罐后的蘑菇罐头随后进行排气或抽气封口操作。一般尽量采用真空密封，真空密封时压力为 0.05 ~ 0.055MPa。需要指出的是蘑菇罐头规格有多种，如果生产的罐型规格无适当的真空封口机，则可采用热排气与常压封口替代真空封口。

封口后的蘑菇罐头应及时进行杀菌。由于蘑菇为低酸性食品，因此需采用卧式杀菌锅进行高压杀菌和反压冷却。

三、苹果浓缩汁生产线

苹果浓缩汁是常见的浓缩果汁之一，其生产线的工艺流程如图 3-3 所示。

原料苹果首先在洗果机中进行充分清洗。洗果机的型式可为本书第三章所介绍的浮洗式清洗机。经过清洗的苹果随后需要在输送台上由人工对不合格的苹果进行修整或剔除，然后再由升运机送入破碎工段。

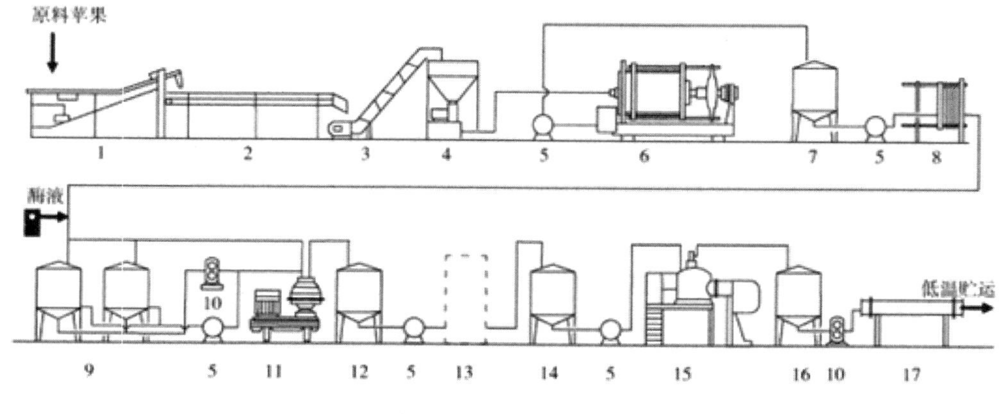

图 3-3 浓缩苹果汁生产工艺流程图

1—洗果机 2—输送检选机 3—升运机 4—破碎机 5—离心泵 6—榨汁机
7—暂存罐 8—预热器 9—酶解罐 10—浓浆泵 11—澄清离心机 12—暂存罐
13—芳香回收系统 14—暂存罐 15—蒸发器 16—浓缩汁暂存罐 17—冷却器

破碎操作可用破碎机进行。破碎时可同步加入维生素C溶液以护色。破碎后的果泥已经具有流送性，因此，可以采用适当形式的浓浆泵（如螺杆泵）进行输送。

破碎后的苹果泥在榨汁机进行榨汁处理。图3-3中所示设备6为布尔式榨汁机，当然也可用其他形式的榨汁机，如螺旋压榨机、带式压榨机等进行榨汁。

榨取得到的苹果汁应立即进行加热，目的是杀灭致病菌和钝化氧化酶及果胶酶。加热可采用板式热交换器或管式热交换器进行。

经过灭酶处理的苹果汁为浑汁，随后需要进行澄清处理。采用的澄清工艺可用酶处理法或明胶单宁法。这一工段通常为一组罐器和分离器。酶制剂（复合果胶酶）通过计量泵与输往澄清罐的果汁在管路中按比例混合。贮罐中酶处理需要一定温度，因此这种处理罐配有适当的加热器（如夹层保温式）。果汁经一定时间酶处理后，需要用适当的分离设备将其中的（包括果胶物质和酶制剂在内的）沉淀物除去。图3-3所示采用的是沉淀式离心分离机。由于果汁经过一定时间酶处理后会自动在酶处理罐内产生分层，因此，系统采用离心泵从罐的上部抽送上层清液（适当条件下可不经离心分离直接进入下一工段），用浓浆泵（如螺杆泵）从罐底将下层沉淀液送到离心分离机进行分离。除了酶法处理以外，还可采用其他方式，如用明胶单宁法对果汁进行澄清处理。该法需在一定温度下处理，并且也需要适当的分离设备（如硅藻土过滤机）除去沉淀物。

澄清处理后的清汁在浓缩前需要用专门的系统对芳香物质进行回收。经过此系统可以收集到苹果的挥发性成分中所含有的低沸点芳香物质，再经精馏塔浓缩可得到浓度为200倍的天然香精。

经过芳香物质回收后的果汁随后进入真空浓缩系统进行蒸发浓缩，所用的蒸发浓缩设备除了图3-3中所示的离心薄膜式蒸发设备以外，也可用其他型式的蒸发设备，如多效降膜蒸发器系统等。

蒸发浓缩系统得到的浓缩汁体积约为原容积的1/7 ~ 1/5，其浓度还达不到抑制所有微生物的要求。因此，浓缩汁一般需要进行冷却，然后装入适当型式的容器（如内衬聚乙烯袋的桶）中在低温下贮运。

四、番茄酱生产线

番茄酱是一种以新鲜番茄为原料，经过取汁、浓缩和杀菌后的产品。图3-4所示为番茄酱罐头生产线。

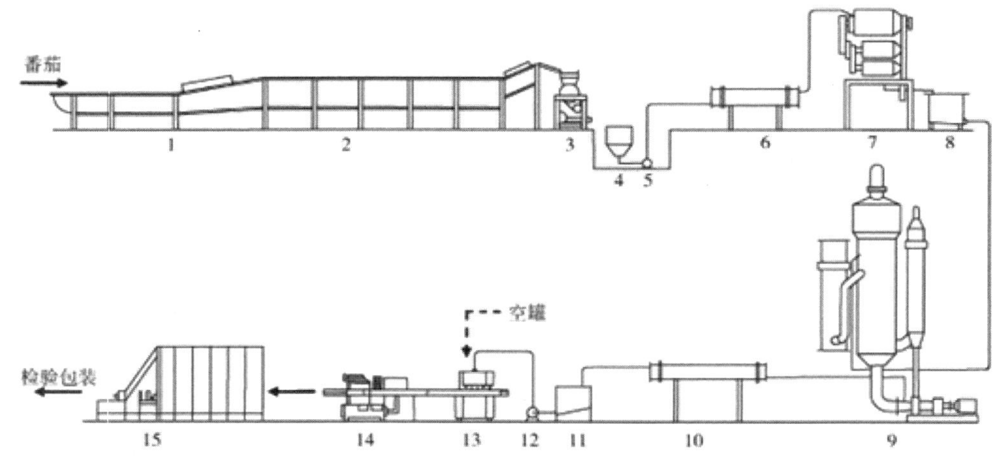

图 3-4 番茄酱罐头生产工艺流程图

1—番茄浮洗机 2—输送检选台 3—破碎机 4—贮槽 5—泵 6—预热器
7—三道打浆机 8—贮桶 9—双效真空浓缩锅 10—杀菌器 11—贮浆桶
12—泵 13—装罐机 14—封口机 15—常压连续杀菌机

原料番茄首先被送入清洗槽，在流动水的作用下，去掉表面所附着的泥砂、枯叶、部分微生物和农药等，再移入另一清洗槽进一步清洗，最后，在输送过程中用余氯量为 2 ~ 10mg/kg 的消毒水喷淋。输送带供人工拣去霉烂、有病虫害以及成熟度不足的果实。

经过清洗挑选的番茄由破碎机破碎，集于贮槽的破碎番茄浆被泵送到列管式换热器进行预热，一般要求在 5 ~ 10s 左右将物料加热到 80℃以上，以钝化果胶酶。

经过预热的番茄浆随后在三道打浆机组中进行打浆分离，除去果皮、果蒂和籽，得到番茄汁。三道打浆机结构紧凑，效率较高，但打浆过程会引入不少空气，对产品质量有所影响。因此，目前趋于改用螺旋榨汁机取汁，并进一步用离心式精滤机除去汁中的碎果皮和纤维。

番茄酱的浓缩可在多效真空浓缩装置中进行。图中所示为典型的双效逆流式蒸发浓缩设备，这种设备为外加热式，由泵强制循环。根据产品的质量要求，其可溶性固形物含量为 26% ~ 30% 或 30% 以上。

浓缩汁在灌装以前还需要经过加热器杀菌，这里使用的也是列管式换热器。

最后经灌装、封口、杀菌等工序即可得到罐头包装的番茄酱制品。番茄酱为酸性食品，因此采用的是常压连续杀菌机。

如图 3-4 所示的工艺流程中，只要选取适当形式的杀菌器进行加热杀菌和冷却，并将其通过无菌化管路直接送往大袋无菌包装系统进行包装，便可得到大容器包装的番茄酱制品。

第二节 肉制品生产线

肉类原料可以加工成各种形式的罐头制品，也可以加工成各种形式的中、西式肉制品。这里以午餐肉罐头、高温火腿肠和低温火腿制品为例，介绍西式肉制品生产线。

一、午餐肉罐头生产线

午餐肉罐头是典型的以肉类为主原料的罐头制品。工业生产中，一般以冻藏肉为原料，加工过程涉及原料解冻、分割处理、混合拌料、腌制、斩拌、装罐、封口、杀菌、包装成为成品。图 3-5 所示为午餐肉罐头加工过程的工艺流程图。

原料肉可以用腿肉，也可以用肋条肉，但在进行切割以前必须将这些原料肉的皮、骨、肋条肉部位过多的脂肪及淋巴组织去除。这样得到的肉有两种类型，一是由腿肉得到的净瘦肉和由肋条肉得到的肥瘦肉。

大块的净瘦肉和肥瘦肉在切肉机上进行切块。一般要求将净瘦肉和肥瘦肉切成适当大小的（3 ~ 4cm 见方）的肉块或（截面 3 ~ 4cm）的肉条，目的是腌制以及满足后道斩拌操作的投料要求。图 3-5 所示的为 GT6D2 型切肉机的外形。该机系圆片式切肉设备。需切的大肉块由人工放在切肉条部分的输肉滚子链上，经送肉滚筒及切刀先切成条状后，从出料斗落入切肉块部分的输肉滚子链上，再由人工拨正肉条位置，同样经过送肉滚筒及切肉刀切成小方块肉后落入出料斗输出。

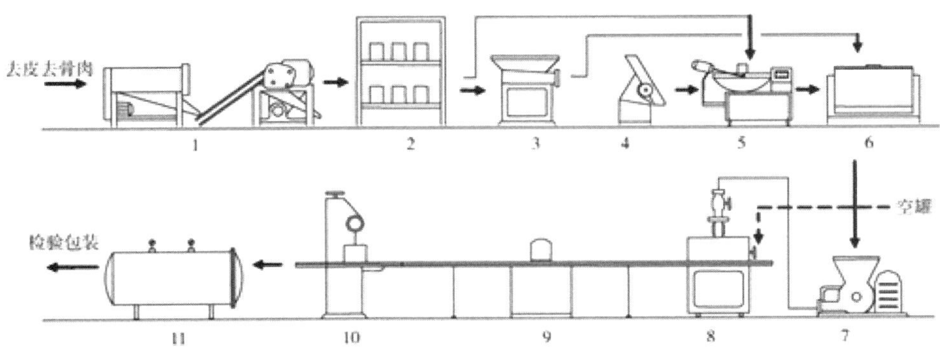

图 3-5 午餐肉罐头生产工艺流程图

1—切肉机 2—腌制室 3—绞肉机 4—碎冰机 5—斩拌机 6—真空搅拌机

7—肉糜输送机 8—装罐机 9—刮平机 10—封罐机 11—杀菌锅

腌制工段将上述切好的小肉块用混合盐腌制。一般采用机械方式将混合盐按比例与肉块混合（图中没有示出）。腌制的工艺条件是在 0 ～ 4℃下腌制 8 ～ 96h。腌制容器一般可用适当材质的不锈钢桶缸或塑料材料容器。

腌制后的肉块，或经过绞肉机进行绞碎处理，或直接进入斩拌机进行斩拌。两者都能使肉块得到碎解。但作用的效果不一样。一般而言，绞肉机对肉细胞破碎的作用较大，这有利于可溶性蛋白的释放。斩拌机对肉细胞无多大破碎作用，得到的肉糜富有弹性感。因此，此工段一般根据具体产品工艺要求，决定腌制肉块使用绞肉机处理和使用斩拌机处理的比例。斩拌机也是午餐肉中除盐以外其余配料加入、混合的机器。常用的配料有淀粉、胡椒粉及玉米粉等。另外需要指出的是，斩拌需要加入一定量的冰屑，以防在斩拌过程中肉糜发热变性。

斩拌得到的肉糜内含有空气，因此需要在真空搅拌机中进行搅拌排除，以防杀菌过程中引起的物理胀罐。本流程中所示为卧式真空搅拌机。操作时，将上述斩拌后的细绞肉和粗绞肉一起倒入搅拌机中，先搅拌 20s 左右，加盖抽真空，在 0.033 ～ 0.047MPa 真空度下搅拌 1min 左右。

真空搅拌后的肉糜倒入肉糜输送机。肉糜输送机实际上是一种特殊形式的滑板泵，它可将加于料斗的肉糜及时送往装罐机（充填机）。装罐机将肉糜装入经过清洗消毒的空罐，由于肉糜几乎无流动性，因此，定量装于空罐的肉糜随后需用机械或人工刮平后，再用真空封口机进行封口。以上 3 台设备通常用板链输送带连接成直线。午餐肉罐头有多种规格，因此所用的装罐机和封口机也需要与之相适应。必要时需更换设备或模具。

密封之后罐头可用卧式杀菌锅进行高压杀菌和反压冷却。杀菌条件根据罐型不同而异。

二、高温火腿肠生产线

高温火腿肠是以塑料肠衣为内包装容器的西式肉制品。其生产线的工艺流程如图 3-6 所示。由图可见，高温火腿肠的制作与午餐肉罐头的制作过程有很大的相似性，不同的只是包装形式不同。也可以将高温火腿肠看成是软包装罐头。

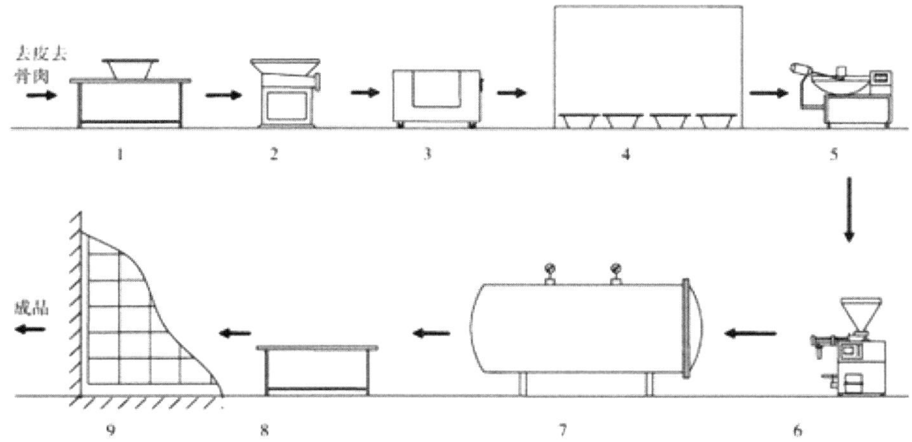

图 3-6 火腿肠生产工艺流程图

1—解冻台 2—绞肉机 3—搅拌机 4—腌制间 5—斩拌机

6—真空灌肠机 7—杀菌锅 8—贴标包装台 9—成品库

分割冻藏的原料肉，首先解冻。解冻一般在自然室温下进行。解冻后的肉置于绞肉机中绞碎，绞碎过程应特别注意肉温不应高于 10℃。最好在绞碎前将原料肉和脂肪切碎，并将肉料温度控制在 3 ~ 5℃。绞碎过程不得过量投放，肉粒要求直径 6mm 左右。

将绞碎的肉放入搅拌机中，然后加入食盐、亚硝酸盐、复合磷酸盐、异抗坏血酸钠、各种香辛料和调味料，搅拌 5 ~ 10min，搅拌过程应注意肉温不得超过 10℃。然后肉糜用不锈钢盆盛放，排净表面气泡，用保鲜膜盖严，置于腌制间腌制，腌制间温度 0 ~ 4℃，相对湿度 85% ~ 90%，腌制 24h。

将腌制好的肉糜置于斩拌机中斩拌，斩拌机预先用冰水冷却至 10℃左右，然后加入肉糜、冰屑、糖及胡椒粉，斩拌约 3min。然后加入玉米淀粉和大豆分离蛋白继续斩拌 5 ~ 8min，经过斩拌的肉糜应色泽乳白、黏性好、油光发亮。

采用连续真空灌肠机进行灌肠。使用前将灌肠机料斗用冰水降温，并排除机中空气，然后将斩拌好的肉馅倒入料斗进行灌肠。灌肠后用铝线结扎（打卡），肠衣为高阻隔性的聚偏二氯乙烯（PVDC）。灌制的肉馅应紧密无间隙，防止装得过紧或过松，胀度要适中，以两手指压火腿肠时两边能相碰为宜。

灌制好的火腿肠要在 30min 内进行蒸煮杀菌。火腿肠与罐头制品一样，需要进行商业灭菌。因此需要用高压杀菌锅进行杀菌。杀菌条件因灌肠的种类和规格不同而异。以下为一些具体产品的杀菌条件。火腿肠：重量 45g、60g、75g 的为 120℃ /20min；重量 135g、200g 的为 120℃ /30min。

杀菌后经过检验，合格品进行外包装后便作为成品，可以入库或出厂。

三、低温火腿生产线

低温火腿是一种以猪后腿肉为主原料的西式肉制品。原料肉经过腌制（盐水注射）、嫩化、滚揉、灌肠、蒸煮（或熏蒸）、冷却和包装成为制品。图 3-7 所示为低温火腿生产线的工艺流程图。

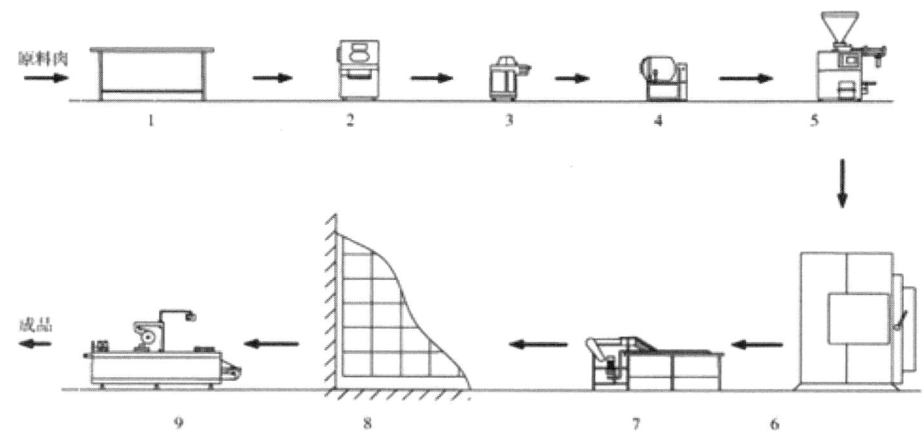

图 3-7 低温火腿生产工艺流程图

1—选料操作台 2—盐水注射机 3—嫩化机 4—滚揉机 5—填充机

6—熏蒸机 7—冷却池 8—冷藏间 9—包装机

原料肉采用肌肉注射腌制法。将配制好的盐水用肌肉注射装置注入肉块中，但不得破坏肌肉的组织结构。要确保盐水准确注入，且能在肉块中均匀分布。

肉块注射盐水之后，要在嫩化机中经过嫩化处理。嫩化机的作用原理是利用特殊刀刃对肉切压穿刺，以扩大肉的表面积，破坏筋和结缔组织及肌纤维束等，以促使盐水均匀分布，增加盐溶性蛋白质的溶出和提高肉的黏着性。

嫩化后的原料肉随后在滚揉机中进行滚揉操作。滚揉的目的是使注射的盐水沿着肌纤维迅速向细胞内渗透和扩散，同时使肌纤维内盐溶性蛋白质溶出，从而进一步增加肉块的黏着性和持水性，加速肉的 pH 回升，使肌肉松软膨胀，结缔组织韧性降低，提高制品的嫩度。通过滚揉还可以使产品在蒸煮工序中减少损失，产品切片性好。滚揉时的温度不宜高于 8℃，因为蛋白质在此温度时黏性较好。因此，滚揉机一般安装在冷藏间内。

滚揉后的肉料，通过充填机将肉料灌入蒸煮袋（或人造肠衣）中，并结扎封口，再蒸煮（或熏蒸）。一般蒸煮温度在 75 ~ 79℃，当中心温度达到 68.8℃时，保持 20 ~ 25min 便完成蒸煮工序。若为烟熏产品，则在烟熏炉内进行熏蒸。蒸煮（或熏蒸）

后的半成品在冷却池中进行冷却，产品中心温度达到室温后再送入 2 ～ 4℃的冷藏间冷却，待产品温度降至 1 ～ 2℃时即可进行外包装（或用双向拉伸膜包装）成为成品。

第三节　乳制品生产线

乳制品种类颇多。有巴氏杀菌乳、灭菌乳、全脂乳粉、凝固型酸乳等常见乳制品。这些制品相对于果蔬和肉类为原料的制品，其生产线有较大的连续性。并且，由于乳类为营养丰富的原料，因此其加工生产线完整操作过程一般均需由适当的 CIP 系统配合清洗。

一、巴氏杀菌乳和灭菌乳生产线

全脂巴氏杀菌乳或灭菌乳均以新鲜牛乳为原料，它们的生产过程相似，只是在后面的杀菌方式、杀菌程度以及包装方式上有差异。从新鲜原料乳开始到包装成为成品的全脂巴氏杀菌牛乳生产线工艺流程如图 3-8 所示。

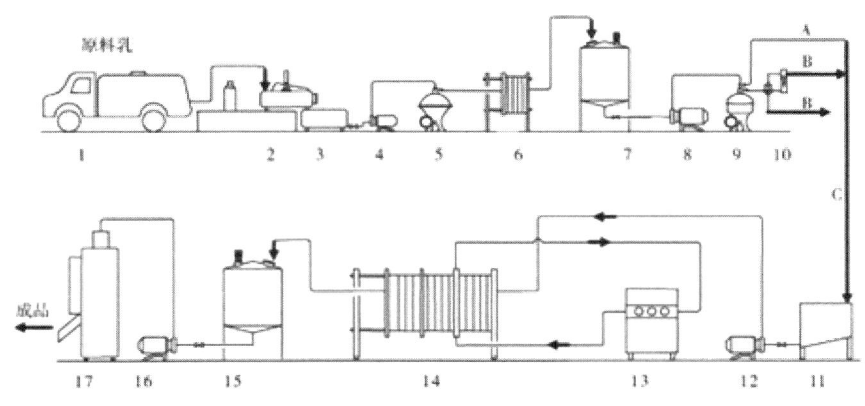

图 3-8 巴氏杀菌乳生产工艺流程图

1—奶槽车　2—磅奶槽　3—受奶槽　4—泵　5—净乳机　6—净乳器　7—贮奶罐　8—泵　9—奶油分离机　10—奶油流量调节系统　11—暂存罐　12—泵　13—均质机　14—杀菌机　15—成品罐　16—泵　17—包装机　A—脱脂乳　B—稀奶油　C—标准化乳

奶槽车或奶桶中的原料乳取样（用于规定指标检验）后，一般要经过定量。奶槽车装的牛乳用流量计计量，奶桶装的牛乳通常用磅奶槽和受奶槽操作。

原料乳随后用净乳机（或过滤器）除去牛乳中的各种杂质。经净化的牛乳可在低温条件下进行贮存。因此，可先使净化的原料乳经过板式冷却器冷却到贮存温度，再在贮乳罐中贮存。

原料乳首先要进行标准化，即将乳中的脂肪和非脂乳固体的比例调整到符合国家标准的要求。标准化方法如图 3-8 所示，奶油分离机 9 与稀奶油流量调节系统 10 可对乳脂过量的原料乳进行标准化，其结果是，从原料乳中除去部分稀奶油（B），而脱脂乳（A）再与另一部分定量的稀奶油（B）混成标准化乳（C）。如果原料乳含脂量低于国家标准要求，则从原料乳中除去部分脱脂乳（A），混合方法与前介绍的相同。

标准化乳随后进行均质和杀菌处理。将原料乳预热到 60℃后，于 15 ~ 21MPa 的压力下均质。

巴氏杀菌乳现在一般采用 75 ~ 85℃ /10 ~ 15s 的处理方式进行杀菌。利用板式换热器结合均质机同时进行，牛乳均质前的预热是用杀菌后的热牛乳在板式换热器中进行的，均质后的牛乳再回到杀菌机进行加热杀菌并冷却到 4℃左右。

冷却后的牛乳立即用包装容器进行包装。巴氏杀菌乳可用玻璃瓶或塑料袋或纸质容器包装。包装后的巴氏杀菌乳有 2d 的保质期。因此包装完成入库后，需在冷链条件下及时出厂和配送。

如果生产保质期为 6 个月的灭菌乳，要采用超高温灭菌法，以提高杀菌强度。超高温灭菌处理牛乳有两种方法：一是直接加热灭菌法；二是间接加热灭菌法。这两种处理方法均可以获得良好的制品。灭菌乳一般要用无菌包装系统进行包装。

另外，以上流程经过适当调整，可以生产其他形式的巴氏杀菌乳。如生产调配巴氏杀菌乳，是以脱脂乳粉与无水乳脂为主要原料，适量加入新鲜牛乳，因此，需要水粉混合机等设备。生产花式巴氏杀菌乳时除用新鲜牛乳外，还应添加各种果味、果料、可可、咖啡等。

二、全脂乳粉生产线

全脂乳粉是以鲜牛乳为原料，经过浓缩和干燥后得到的乳制品。其加工生产线的工艺流程如图 3-9 所示。由图可见，从原料乳验收到贮存基本上是相同的。

原料乳一般要经过高温短时杀菌再进入浓缩工段。杀菌方法对全脂乳粉的品质，特别是溶解度和保藏性有很大影响。

原料乳杀菌后应立即进行浓缩。浓缩视生产量等因素可采用单效或多效真空浓缩设备。国内目前多采用从单效到三效不等的真空浓缩蒸发器。国外都采用多效蒸发器完成，先进的采用七效甚至九效的系统。单效蒸发温度在 55 ~ 56℃，多效蒸发温度在 70 ~ 45℃。浓缩的目的是节省能源，同时对粉体的质量有特别的效果。从浓缩系统出来的浓缩乳的浓度范围一般为 45% ~ 50%，温度一般为 45 ~ 50℃。

浓缩后的乳应立即进行干燥。乳粉通常采用喷雾干燥方法进行干燥。此法可使水分迅速蒸发，得到品质优良的乳粉。干燥室的进风温度国产设备为 150 ~ 180℃，国外大型设备在 180 ~ 230℃，排风温度为 80 ~ 85℃。干燥室的型式目前多为立式，雾化器可用离心式，也可用压力式（目前国内大多采用压力式）。国外自动化程度高的喷雾干燥系统多采用旋风分离器对干燥塔排风粉尘进行细粉回收；国内一般用袋滤器。图 3-9 所示为离心式喷雾干燥器，其排风集粉机构为装在干燥塔四周的袋滤器。因此，干粉是全部通过塔底的转鼓阀排出的。

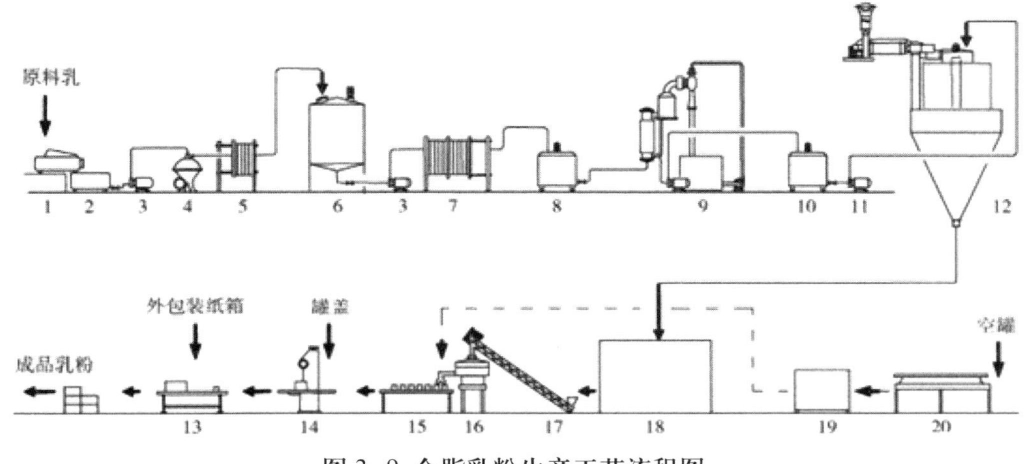

图 3-9 全脂乳粉生产工艺流程图

1—磅奶槽 2—受奶槽 3—奶泵 4—净乳机 5—冷却器 6—贮奶罐 7—预热器 8—暂存罐 9—蒸发器 10—浓缩奶暂存罐 11—浓奶泵 12—喷雾干燥器 13—外包装台 14—封罐机 15—定量装粉台 16—筛分机 17—螺旋输送机 18—凉粉室 19—烘干机 20—洗罐机

从干燥塔出来的粉体有较高的温度，在进行包装之前需要先冷却。本流程图示为在凉粉室内对干燥乳粉进行冷却。自动化程度较高的干燥系统，干燥的热乳粉从塔内出来后多经过利用冷风的流化床进行冷却降温。

乳粉收集后尚未冷却到包装温度，通过筛分达到进一步冷却的效果，同时将结成团块的乳粉筛分成大小均匀一致的颗粒。

筛分机可与定量机构结合，将筛分得到的乳粉进行定量包装。乳粉可用复合薄膜袋、塑料袋或马口铁罐包装。如用马口铁罐，为了获得长保质期，也有采用充氮封罐的。其方法是，先用抽真空的方法排除乳粉罐中的空气，再充氮气，最后封口。采用复合袋或塑料袋一般不用充氮包装。

三、冰淇淋生产线

冰淇淋是一种以牛乳、炼乳、稀奶油为原料，配以糖类、乳化剂、稳定剂和香料等制成的冷冻甜食。其生产线工艺流程如图 3-10 所示。

制造冰淇淋的第一步是使乳及其他原料在配料罐中充分溶解并混合均匀。为了达到这一目的，一些难以溶解的物料，或比例量少的配料，一般要在高速搅拌机中进行预混合溶解，然后再与配料罐中的乳液进行混合。配料罐一般用冷热缸（即带夹层的搅拌罐），通过适当加热以促进物料的混匀。

混合均匀并预热到一定温度（一般为 50 ~ 60℃）的混合料随即通过双联过滤器过滤后进行均质，均质压力为一级 17 ~ 21MPa，二级 3.5 ~ 5MPa。均质后的物料随即进行杀菌。一般采用杀菌条件为 80 ~ 85℃ /10 ~ 15s，并立即冷却至 0 ~ 4℃。

杀菌冷却后的混合料要在 0 ~ 4℃温度条件的老化罐（也称为成熟罐）中保持 4 ~ 24h，进行老化（即成熟），使其黏稠度增大，提高成品的膨胀率，改善组织状态。

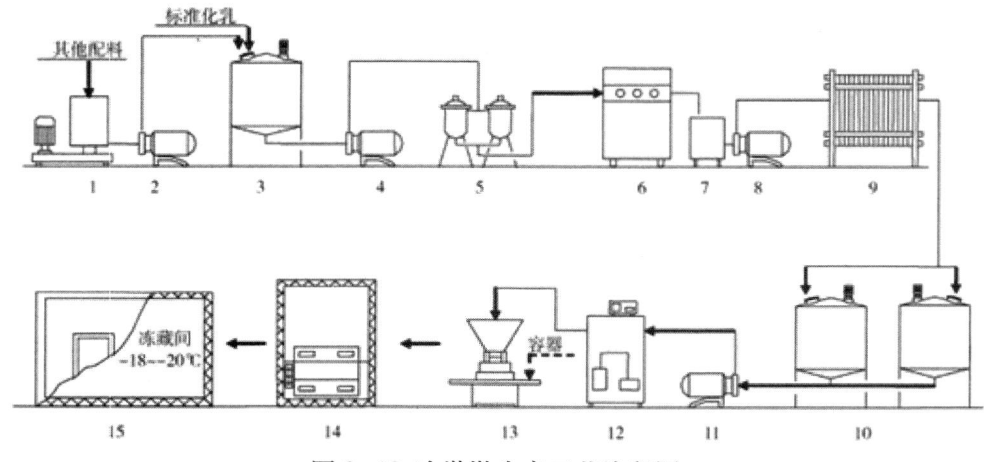

图 3-10 冰淇淋生产工艺流程图

1—高速搅拌机 2—泵 3—配料罐 4—泵 5—双联过滤器 6—均质机
7—贮存缸 8—泵 9—板式热交换器 10—老化罐 11—泵 12—凝冻机
13—灌装机 14—速冻隧道 15—冻藏库

经过老化的混合物在冰淇淋凝冻机中进行凝冻（亦称冷冻或冻结），在 –4 ~ –2℃下进行强烈搅拌，混入大量极微小的空气泡，使膨胀率达到最适宜的程度。

从凝冻机出来的冰淇淋直接通往灌装机进行灌装。刚装入不同容器中的冰淇淋称为软质冰淇淋，经过硬化后则成为硬质冰淇淋。硬化一般在接触式速冻机内进行，要求冰淇淋的平均温度降到 –15 ~ –10℃之间。硬化后的硬质冰淇淋可置于 –15℃的冷库中贮藏。

四、凝固型酸乳生产线

凝固型酸乳为典型的发酵乳制品，它以鲜牛乳（或全脂乳粉）为原料，加入发酵菌种后，灌装入容器进行发酵得到。凝固型酸乳生产线工艺流程如图 3-11 所示。

经过包括标准化在内的预处理过的原料乳在配料罐内与溶解过滤后的蔗糖溶液按配方要求混合，若加入添加剂一般应预先加热溶解后加入混合料中。混合料预热到 60℃后，在均质机上以 15 ～ 21MPa 的压力条件进行均质。

混合料均质后随之需要进行杀菌，杀菌采用 95℃ /5min 的处理，此处理方法可以获得硬度、稳定性良好的制品。杀菌后的料液迅速冷却到 43 ～ 45℃。

杀菌后的物料泵入接种罐（带搅拌器的混合罐），在此添加 2.5% ～ 5% 的工作发酵剂。接种（投入工作发酵剂）时应立即搅拌，以使发酵剂均匀分布于乳中。

接种后应及时用灌装机将物料灌装入消费用的小容器（如玻璃瓶、塑料杯等），随即进行封口。灌装时间须严格把握，从接种开始到灌装结束送入发酵室的时间不超过 1.5h。否则在灌装过程中牛乳就会凝固，最终导致产品中的乳清析出。

灌装、封盖后的酸乳迅速送入发酵室中，于（43 ± 1）℃下发酵 2.5 ～ 4h，待牛乳呈凝固状态即可终止发酵。此时应立即将酸乳放入 2 ～ 6℃的冷藏库中，以迅速抑制乳酸菌的生长，降低酶的活性，防止酸度过高。酸乳在 2 ～ 6℃下放置一定时间（12h 以上）称为后发酵，其目的是促进芳香物质的产生，同时增加酸乳制品的黏稠度，最终产品应呈胶体状、乳白色、不透明、组织光滑、具有柔软蛋奶羹状的硬度。

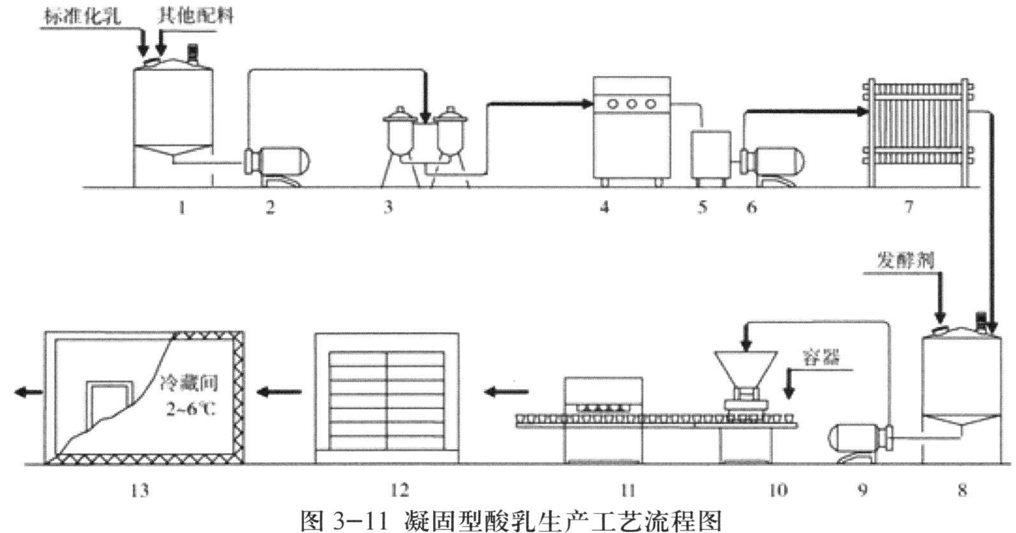

图 3-11　凝固型酸乳生产工艺流程图

1—配料罐　2—泵　3—双联过滤器　4—均质机　5—暂存罐　6—泵　7—板式热交换器

8—接种罐　9—泵　10—灌装机　11—封口机　12—保温发酵室　13—冷藏室

第四节　糖果制品生产线

种类繁多的糖果制品，可以分为三大类，即硬糖、软糖和巧克力制品。其种类又因配料和工艺条件不同而可进一步划分。一般说来，糖果制造过程主要涉及物料溶解、溶化、混合、冷却成型等操作。其中成型是糖果制造中的关键工序之一。

一、硬糖生产线

硬糖也称熬煮糖果，其主要原料是蔗糖、葡萄糖、淀粉糖浆等，辅料有柠檬酸、香料及色素等。使用不同配方和生产方式可制成许多不同品种，透明型的有各种水果、薄荷硬糖等；丝光型的有烤花糖等；夹心型的有酱心、粉心夹心糖等；膨松型的有脆仁糖等；结晶型的有梨膏糖等。硬糖可用两种方法成型：一是冲模成型；二是浇模成型。采用真空熬糖浇模成型的硬糖生产线工艺流程如图 3-12 所示。

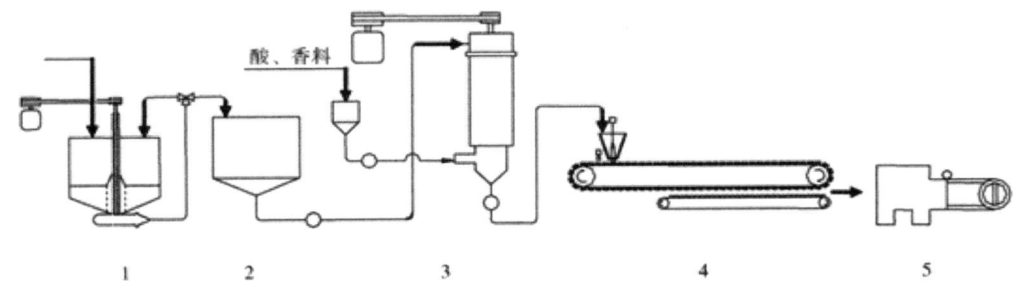

图 3−12 浇模成型硬糖生产工艺流程图

1—溶糖罐 2—暂存缸 3—连续真空熬糖机 4—硬糖浇模成型机 5—糖果包装机

白砂糖与葡萄糖浆按比例加入溶糖罐，加入的水量约为白砂糖量的 30% ~ 35%。边搅拌边将糖液加热到 105 ~ 107℃使砂糖充分溶解。图 3-12 所示的溶糖罐本身自带（80 ~ 100 目筛）过滤器、利用泵（由中轴驱动，位于罐底）对糖液的抽吸循环作用进行搅拌的溶糖罐。此泵既可起搅拌作用，也用作糖浆输送泵。

溶化的糖液经过滤后泵入贮罐中暂存，再用泵送入熬糖设备进行熬煮。硬糖可在常压和真空两种状态下进行熬煮。目前一般采用真空熬煮。

本图例采用目前较先进的连续真空薄膜熬糖新工艺，将糖浆泵入一装有高速旋转刮板的真空熬煮机中，糖浆受离心力作用，从顶部沿着加热壁面迅速进行热交换并汽化。二次蒸汽被顶部的风扇排除。浓缩的糖浆落到底部进入香味料混合室。以上整个过程在 7 ～ 8s 内完成。室内真空度约为 650 ～ 700mmHg。糖浆温度最终在 115 ～ 118℃，水分含量不超过 3%。从蒸发室流下的糖浆在熬煮机的下方与经计量的柠檬酸、香料及色素等混合，此过程称为调和。

调和后的糖浆泵入成型机的保温料斗内，依次注入模型盘中。由成型机中上方和下方的冷却气流冷却至 40℃以下，再由卸料点将糖粒脱模至输送带上。

脱模输送带送出的糖粒，经过将不合格的糖粒拣出后送至糖果包装机进行包装，然后大包装、入库。

二、奶糖生产线

奶糖属低度充气的半软性糖果，其相对密度约为 1.2 ～ 1.3。奶糖主要由白砂糖、葡萄糖浆、乳品、胶体、油脂、水和空气等组成。其中，乳品常用的是甜炼乳和乳粉；胶体常用的是明胶；油脂常用的是奶油和麦淇淋等。。

奶糖加工的工艺流程如下：溶糖→过滤→熬糖→搅打与调和→冷却→成形→包装。图 3-13 所示为典型的奶糖生产工艺流程图。

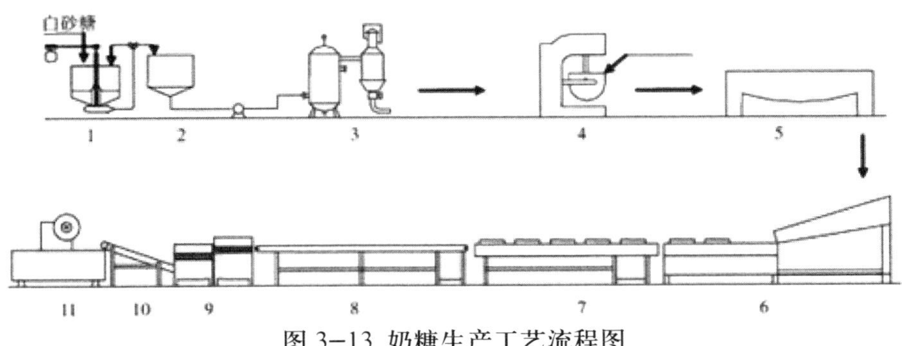

图 3-13　奶糖生产工艺流程图

1—溶糖罐　2—暂存缸　3—常压熬糖机　4—搅打机　5—冷却台　6—保温拉条机　7—均条机　8—带式输送机　9—搓切机　10—带式输送机　11—包装机

奶糖制造过程的第一步也是溶糖，方法与硬糖相同。只是由于本身含水的葡萄糖浆在配方中比例较高，因此，水可适量少加，约为砂糖的 20% ～ 25%，使糖液浓度在 75% ～ 80% 较适宜。

奶糖一般用常压熬糖机进行熬煮。奶糖是半软糖，水分含量较硬糖高，且在后面搅打时还可蒸发部分水分，故熬糖温度不必太高，一般采用常压熬煮即可。具体操作过程为：先将糖液加热熬煮至 100℃，加入奶油和甜炼乳，再熬煮至 115 ～ 118℃。由于乳品与高温的糖浆接触时，会促使糖液变色反应增强，故熬煮好的糖液要及时进行下一步的操作，否则就会影响产品色泽。

熬煮好的糖液随即与明胶冻混合，在立式搅打机上进行搅打。搅打时取相应比例的明胶冻于搅拌机中，冲入熬煮好并稍冷后的糖浆，先慢速搅和，再以高速搅打30min左右，完成充气过程，最后再加入香兰素搅匀。

搅打后的糖膏立即移入冷却台，不断翻叠，使温度冷却至50℃左右。冷却后的糖膏移入保温拉条机（也称保温辊床），将糖膏搓细，然后经匀条机（也称均条台）上的滚轮对作用，糖条由粗变细达到规定的要求。匀条机出来的糖条还须在带式输送机上经过一段时间冷却，以使糖条获得一定的硬度。再送入搓切机上切割成圆柱状糖粒。

搓切机切出的糖粒，通过可完成将不合格糖粒拣出操作的输送带送往糖果包装机进行包装，然后进行大包装、入库。

三、巧克力生产线

巧克力制品的主要原料为（由可可豆加工制得的）可可液块、可可粉和可可脂以及白砂糖和乳化剂等。添加不同的辅料和香料可制成不同风味的巧克力产品，如香草巧克力、牛奶巧克力等。目前有许多工厂用代可可脂部分或全部替代可可脂生产巧克力。

制造巧克力的一般工艺流程：原料→调和→精磨→精炼→调温→浇模成型与冷却硬化→包装。图3-14所示为巧克力生产线工艺流程图。

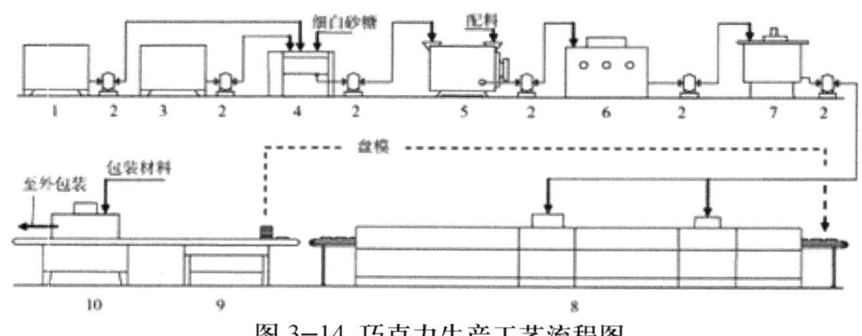

图3-14 巧克力生产工艺流程图

1—可可液熔化罐 2—泵 3—可可脂熔化罐 4—巧克力混合机 5—精磨机 6—精炼机 7—调温罐 8—浇模成型机 9—脱盘台 10—包装机

可可脂、可可液块分别在熔化罐内预先加热熔为液态，白砂糖经粉碎机粉碎成25～60μm的糖粉，三者按比例与配方中其他配料一起加入调和机（也称混合机），在45～55℃的温度下调和均匀。也可将这些原料直接加入精磨机中调和，再精磨。

混合均匀的料液送入精磨机，在45～60℃的温度下不断研磨，使其固形物中大部分质粒的直径在15～20μm的范围内。

精磨后的巧克力酱料再送入精炼机进行精炼。酱料在精炼机中经长时间摩擦作用，使固体质粒变得更为均匀。精炼后的料液变得较为稀薄和容易疏散，易于后道工序操作。同时可使产品质构更为细腻滑润、增香并改善外观色泽。精炼时间一般需 24 ~ 72h。用于精炼的设备称为精炼机。精炼机有多种形式，通常为辊式研磨机。常见的有单滚式、三辊式和五辊式等。图中所示为一种三辊式巧克力精炼机。

精炼后巧克力浆料要在调温罐中进行调温处理。所谓调温就是通过调节巧克力浆料温度的变化，使物料产生稳定的晶型。调温可分为三个阶段：第一阶段是将浆料从 40℃冷却到 29℃；第二阶段是从 29℃连续冷却到 27℃；第三阶段是从 27℃再回升到 29 ~ 30℃。

调温好的浆料便可在浇模成型机中成型。

从成型机出来的模盘随后可在脱模台上由人工进行翻转脱模，得到成型的巧克力块。这些巧克力块经剔去残次品后，按要求进行包装。巧克力是一种对温度和湿度敏感的产品。一般要求包装室相对湿度不得超过 50%，温度控制在 17 ~ 19℃范围内。

最后需要指出的是，由于巧克力浆料的流动性对温度较敏感，因此，输送巧克力浆料的管路均需要有保温层保温，必要时还应配上恒温措施。

第五节　软饮料生产线

软饮料指的是经过包装的乙醇含量小于 0.5% 的饮料制品。根据原料和产品形态的不同，软饮料可分为碳酸饮料、果汁饮料、蔬菜汁饮料、含乳饮料、植物蛋白饮料、固体饮料、天然矿泉水以及其他饮料，如橘子露、杨梅露、茶饮料等。软饮料可用不同材料和不同形状的瓶、罐、袋和盒等包装。

包括碳酸饮料在内的多数软饮料，其最主要的成分应为符合饮用标准的净化水。因此，不同来源的原料水，在配制软饮料前均需要进行不同方式和程度的净化和杀菌处理。

一、碳酸饮料生产线

碳酸饮料是在一定条件下充入二氧化碳气体的制品，成品中二氧化碳含量（20℃时体积倍数）不低于 2.0 倍。碳酸饮料分为果汁型碳酸饮料、果味型碳酸饮料、可乐型碳酸饮料、低热量型碳酸饮料和其他型碳酸饮料。

碳酸饮料可用一次灌装法或二次灌装法进行灌装封口。所谓一次灌装法是将糖浆基料与汽水按比例预选在混合机中混合，然后直接进行灌装和封口。二次灌装法是先将糖基浆料灌入容器内，然后再加入按比例量的溶有二氧化碳的汽水，最后进行封口。

目前一般采用一次灌装法。图 3-15 所示为一次灌装法生产碳酸饮料的工艺流程图。整个生产线在混合机上游可以分为三个支路，即水处理、糖浆配制、二氧化碳净化，灌装机是混合汽水分支和空瓶清洗分支的结合点。

在图 3-15 中，原水 1 到紫外杀菌机 8 为水处理工段。在此工段内，原水先后经过多介质过滤器、精密过滤器、纤维过滤器、混合离子交换器、精密过滤器、中空纤维超滤器和紫外杀菌器的处理，得到符合工艺要求的纯水。从紫外杀菌器出来的水分为两路，一路由冷却机冷却后进入饮料混合机，第二路直接作为冲瓶、化糖和调糖浆用的净水。

糖浆调配的过程为：首先在溶糖罐内以一定比例投入砂糖和水进行加热及搅拌制得浓糖液，经过滤、冷却后，在调配罐内按顺序加入用少量水溶化糖精、防腐剂、柠檬酸、香精、色素，得到调和糖浆。

最初装在高压钢瓶中碳酸饮料用的二氧化碳，在混合以前要经过二氧化碳净化器净化，除去其中的不纯成分。

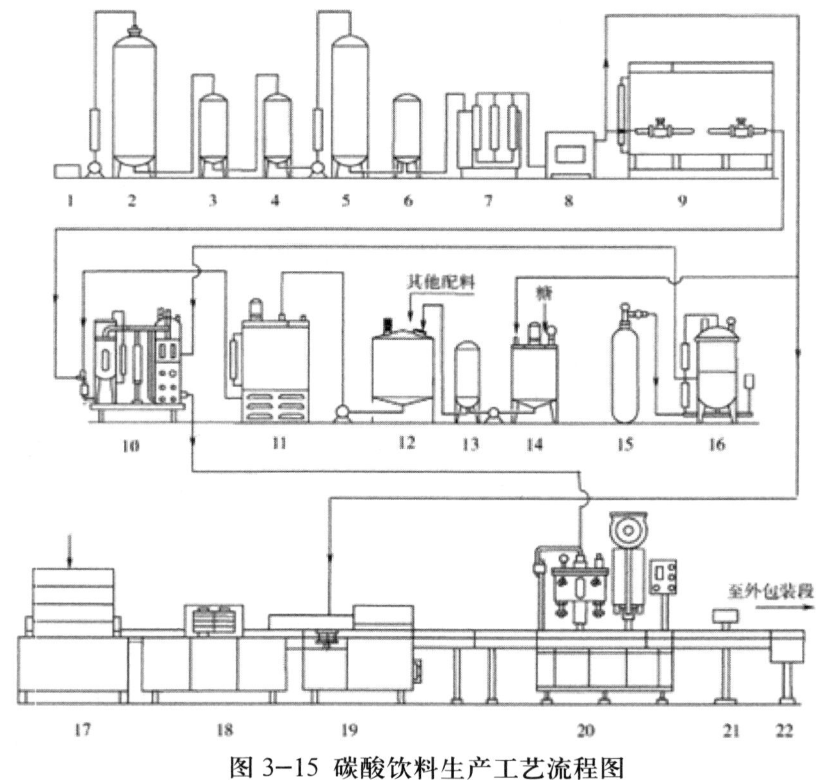

图 3-15 碳酸饮料生产工艺流程图

1—原水 2—多介质过滤器 3—精密过滤器 4—纤维过滤器

5—混合离子交换器 6—精密过滤器 7—中空纤维超滤器 8—紫外线灭菌器

9—冷却机组 10—饮料混合机 11—糖浆冷却器 12—调配罐 13—膜过滤器

14—溶糖罐 15—CO_2钢瓶 16—CO_2净化器 17—浸泡器 18—外刷除标机
19—刷瓶主机 20—等压灌装封口机 21—喷码机 22—输瓶机

饮料混合机是一次灌装法碳酸饮料生产线的中心枢纽。在此经过冷却的净化水首先按比例与配制好的糖浆基料液混合，得到的混合液再在汽水混合罐与经过净化的二氧化碳混合成为汽水，可供灌装。

碳酸饮料可用二种形式的瓶灌装，一种是回收使用的玻璃瓶，另一种是一次性使用的PET瓶（即聚酯瓶）。本例所示使用的是回收玻璃瓶。回收瓶经过浸泡、外标刷除、瓶内刷洗，最后用净化水冲洗后，送至灌装机接受灌装。需要指出的是，这种洗瓶线的生产能力不太大。产量大的，可用本书第三章所介绍的整体式自动洗瓶机进行清洗。

在饮料混合机混合得到的汽水由等压灌装机灌入经过清洗的空瓶，随后进行压盖，完成灌装封口过程。此灌装封口的碳酸饮料半成品经过由喷码机在瓶盖上喷出生产日期后，便可送至外包装段作业。但在送往外包装段的输送线上，一般要设检视工位，以剔除不合格的瓶子。产品经检查合格后装箱，便成为可库存或出厂的成品。

二、纯净水生产线

所谓纯净水是指原水经过多层过滤和反渗透等处理后，除去主要悬浮物、固体杂质及微生物等后得到的饮用水。工业化生产的成品纯净水分桶装和瓶装两类。瓶装纯净水的工艺流程如图3-16所示。

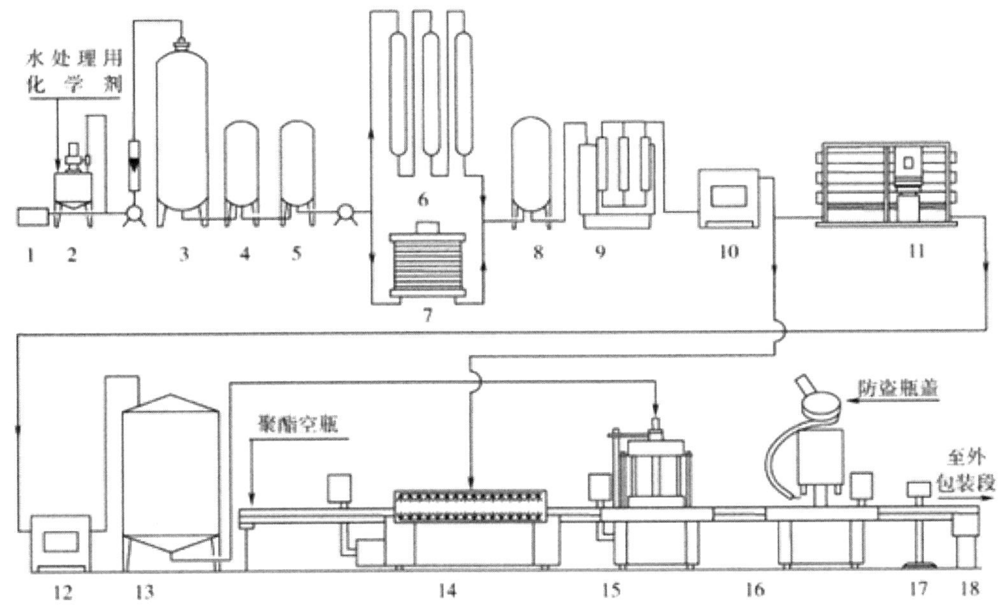

图3-16 纯净水生产工艺流程图

1—源水 2—计量加药罐 3—多介质过滤器 4—精密过滤器 5—活性炭过滤器
6—离子交换单元 7—电渗析器 8—精密过滤器 9—超滤器 10—紫外杀菌机
11—反渗透装置 12—紫外杀菌机 13—无菌贮水罐 14—塑料瓶冲洗机
15—真空灌装机 16—压盖机 17—喷码机 18—输送机

纯净水的处理与碳酸饮料的水处理有一定的相似之处，但要求去除更多的非水成分杂质。源水首先与絮凝药物溶液经比例混合后，进入多介质过滤器，然后再经过精密过滤和活性炭过滤，之后可以采用两种方法去离子：一是经离子交换柱组除去水中的大部分阴阳离子；另一是用电渗析方法去除离子。得到的去离子水再经过超滤除去较大分子的悬浮胶体物质，然后经过紫外杀菌机杀菌。杀菌后的处理再分两路：一路进入反渗透机处理；另一路直接用于空瓶的冲洗。

反渗透处理后的水再经过一次紫外杀菌处理后，水质应达到纯净水标准要求。此纯净水先贮于无菌贮罐中，再由真空灌装机抽吸灌装。

本例流程中所用的是一次性使用的聚酯瓶，因此只需在倒置情况下用前面处理得到的净水冲洗一次就可用于灌装。

纯净水不含气体，因此可以用真空灌装机进行灌装。灌装后的纯净水瓶随即经压盖机压盖（防盗式塑料瓶盖）。

压盖封口的瓶装纯净水经由喷码机在瓶盖上喷出生产日期后，便可送至外包装段作业。同样，也要在送往外包装段的输送线上，将不合格的瓶子剔除。经检查合格的产品装箱（或热收缩成束）后便可作为成品库存或出厂。

三、茶饮料生产线

茶饮料是指用水浸泡茶叶得到的茶汤，经过滤、杀菌、超滤及灌装封口制成的软饮料。如在茶汤中加入糖、酸味剂、食用香精、果汁或植物抽提液等，则可加工制成多种口味的茶饮料制品。茶饮料有茶汤饮料、果汁茶饮料、果味茶饮料和其他茶饮料。

茶汤饮料生产线的工艺流程如图 3-17 所示。

用于泡茶的源水首先经过多介质过滤、精密过滤和活性炭过滤，再经过紫外杀菌处理。然后用于浸泡茶叶。

加热提取槽利用前处理得到的净水对茶叶进行浸泡。这一过程实为固—液萃取过程，因此可以利用固—液浸提的理论和成熟实践经验来指导具体提取槽结构的设计和工艺条件的确定。

由提取段提取到的茶汤随后经过由 8、9 和 10 串联而成的三级精密过滤，目的是除去茶汤中的大部分茶乳酪。随后经过板式热交换器进行杀菌和冷却，并经过超滤处理，最大限度地除去茶汤中的可沉淀物。

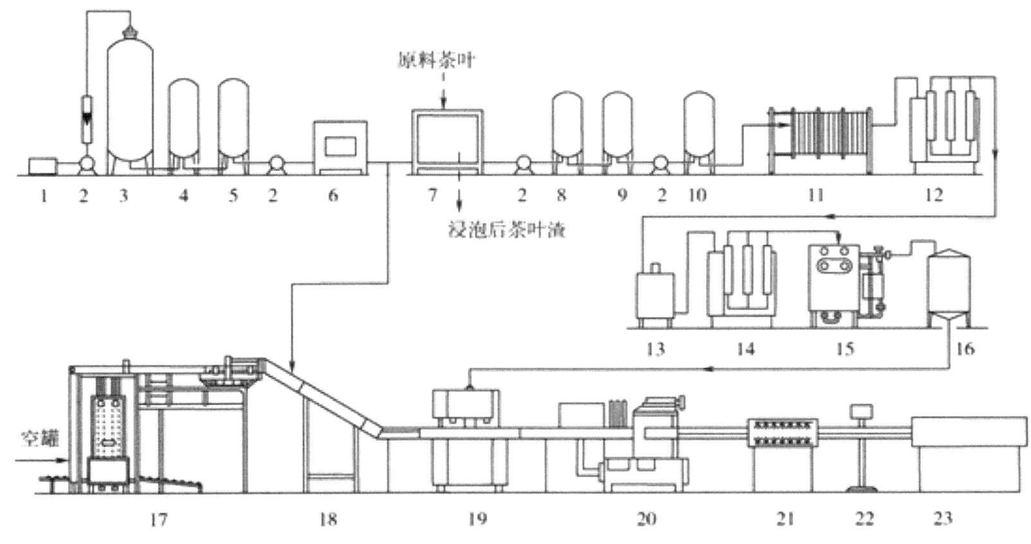

图 3-17 茶饮料生产工艺流程图

1—源水 2—卫生泵 3—多介质过滤器 4—精密过滤器 5—活性炭过滤器
6—紫外线杀菌机 7—加热提取槽 8、9、10—精密过滤器 11—板式换热器
12—超滤机组 13—酸碱平衡罐 14—超滤机组 15—超高温瞬时灭菌机
16—无菌贮罐 17—半自动卸垛机 18—斜槽洗罐机 19—灌装机
20—封口机 21—翻转喷淋机 22—喷码机 23—烘干机

超滤得到的茶汤送往酸碱平衡罐将 pH 调整至酸性，再经过超滤处理，随后在超高温瞬时灭菌机中进行灭菌，灭菌后可作为符合要求的茶汤饮料供灌装用。需要指出的是，此工艺流程中采用的是热灌装法灭菌，因此，超高温瞬时灭菌的冷却段只将茶汤冷却到 90℃以上。另外，用于贮存茶汤的无菌罐也需具有保温作用。

本例中所用的茶饮料容器为易拉盖金属罐。成垛的马口铁空罐利用半自动卸垛机卸垛后，在该机上方由输送机构送入斜槽式洗罐机，空罐在此受到经过紫外线杀菌处理的水的冲洗。

贮于无菌贮罐中的热茶汤（85 ~ 90℃）通过灌装机趁烫灌入冲洗后的空罐内，随之封口。

封口以后，像通常的热灌装法一样，罐头要在倒罐喷淋机上进行倒罐，以利用茶汤热量将罐底的微生物杀灭，并对罐头外侧进行喷淋清洗。

喷淋后的罐头经过喷码机喷码，再进入烘干机烘干，随后可以送往外包装工段装箱或用热收缩方式包装成束。

第四章　干燥与浓缩技术

干燥是利用热量使湿物料中水分等湿分被汽化去除，从而获得固体产品的操作。干燥操作几乎涉及国民经济的所有部门，广泛应用于生产和生活中。在食品工程中，干燥更是最具有重要意义的单元操作之一。食品干燥是指在自然或人工控制条件下使食品中水分蒸发的过程，将食品中的水分降低到足以防止其腐败变质的水平，达到长期贮藏。

食品干燥主要应用于果蔬、粮谷类及肉禽等物料的脱水干制；粉（颗粒）状食品生产，如咖啡、奶粉、淀粉、调味粉、速溶茶等；干燥也应用于改善某些产品的加工品质，如大豆、花生米经适当干燥脱水，有利于脱壳（去外衣），便于后加工，提高制品品质。

浓缩是从溶液中除去部分溶剂（通常是水）的操作过程，食品经浓缩后其质量和体积大大减少，使罐装、运输、库藏以及加工过程中浆料的输送等各项费用都大为减少，因此具有直接的经济效益。利用浓缩还可提高液态食品的黏度，某些浓缩食品本身就是理想的食物配料，例如浓缩果汁加上糖可被做成果冻。浓缩使食品中的糖和盐等可溶性物质浓度增大，形成较高的渗透压，当渗透压高到足以使微生物细胞脱水或足以防止水分向微生物细胞的正常扩散时，就能抑制微生物的生长，起到防腐和保藏的作用。食品工业浓缩的物料大多数为水溶液，在以后的讨论中，如不另加说明，浓缩就指水溶液的浓缩。

第一节　食品干燥

一、干燥原理

（一）干燥的目的

1. 延长食品货架期

通过干燥降低食品中的水分活度，使引起食品腐败变质的微生物难以生长繁殖，使促进食品发生不良化学反应的酶类钝化失效，从而延长食品的货架期，达到安全保藏的目的。

2. 便于贮运

干燥去除水分，使食品物料减轻质量和缩小体积，可以节省包装、运输和仓储费用。

3. 加工工艺的需要

干燥有时是食品加工工艺必要的操作步骤。如烘烤面包、饼干及茶叶干燥不仅在制造过程中除去水分，而且还具有形成产品特有的色、香、味和形状的作用。

（二）湿空气

在食品干燥生产中，从湿物料中除去水分通常采用热空气为干燥介质。供给干燥的热空气都是干空气（即绝干空气）与水蒸气的混合物，常称为湿空气。研究干燥过程有必要了解湿空气的各种物理性质以及它们之间的相互关系。

湿空气对水蒸气的吸收能力（吸湿能力）是由湿空气的状态特性决定的，湿空气的特性参数有压力、绝对湿度、相对湿度、湿含量、密度、比热容、温度和热焓等。

1. 湿度

空气中的水分含量用湿度来表示，有两种表示方法，即绝对湿度和相对湿度。

（1）绝对湿度 绝对湿度是指单位质量绝干空气中所含水蒸气的质量，表示为：

$$H=\frac{\text{湿空气中水蒸气的质量}}{\text{湿空气中绝干空气的质量}}=\frac{M_V n_V}{M_g n_g}=\frac{18n_V}{29n_g}$$

式中 H——空气的绝对湿度，kg/kg 绝干空气；

Mg——绝干空气中的摩尔质量，kg/kmol；

Mv——水蒸气的摩尔质量，kg/kmol；

ng——绝干空气的物质的量，kmol；

nv——水蒸气的物质的量，kmol。

常压下湿空气可视为理想气体混合物，由分压定律可知，理想气体混合物中各组成的摩尔比等于分压比，可表示为：

$$H=\frac{18p_w}{29(p-p_w)}=0.662\frac{p_w}{p-p_w}$$

式中 pw——湿空气中水蒸气的分压，Pa；

p——湿空气的总压，Pa。

由式 4-2 可知，湿空气的湿度与总压及其中的水蒸气分压有关。当总压一定时，则湿度仅由水蒸气的分压所决定。

（2）相对湿度 在一定的总压下，湿空气中水蒸气分压与同温度下纯水的饱和蒸汽压之比，称为相对湿度，计算公式如下所示。

$$\varphi=\frac{p_w}{p_s}$$

式中 φ——空气相对湿度；

pw——湿空气中水蒸气分压，Pa；

ps——同温度下纯水的饱和蒸汽压，Pa。

相对湿度可以用来衡量湿空气的不饱和程度。φ=1，表示空气已达饱和状态，不能再接纳任何水分；φ 值越小，表示该空气离饱和程度越远，可接纳的水分越多，干燥能力也越大。可见空气的绝对湿度 H 仅表示其中水蒸气的含量，而相对湿度 φ 才能反映出空气吸收水分的能力。水的饱和蒸汽分压 ps 可根据空气的温度在饱和水蒸气表中查到，水蒸气分压可根据湿度计或露点仪测得的露点温度查得。

干燥时，食品的水分能下降的程度由空气的含水量所决定。空气相对湿度越低，食品干燥速率越快。食品的水分始终要和周围空气的湿度处于平衡状态。当物料表面水蒸气分压大于空气水蒸气分压时，物料表面水分蒸发，内部水分密度高于表面，水分不断向表面迁移，如此往复，使物料干燥。反之，当空气的水蒸气分压高于物料表面的水蒸气分压时，则物料吸湿。当空气的湿度达到平衡湿度，物料既不脱水也不吸湿。

2. 温度

湿空气的温度可用干球温度和湿球温度表示。用普通温度计测得的湿空气实际温度即为干球温度 θ。在普通温度计的感温部分包以湿纱布，湿纱布的一部分浸入水中，使它保持湿润状态就构成了湿球温度计，将湿球温度计置于一定温度和湿度的湿空气流中，达到平衡或稳定时的温度称为该空气的湿球温度 θw。湿球温度计所指示的平

衡温度 θw，实际上是湿纱布中水分的温度，该温度由湿空气干球温度 θ 及湿度 H 所决定。当湿空气的干球温度 θ 一定时，若其湿度 H 越高，则湿球温度 θw 也越高；当湿空气达饱和时，则湿球温度和干球温度相等。不饱和空气的湿球温度低于其干球温度。

（三）物料含水量

根据热力学原理，食品内部的水蒸气压总是要与外界空气中的水蒸气压保持平衡状态，如果不平衡，食品就会通过水分子的蒸发或吸收达到新的平衡状态。当食品内部的水蒸气压与外界空气的水蒸气压在一定温、湿度条件下达成平衡时，食品的含水量恒定，这一数值即为食品的含水量或食品的平衡水分，一般用百分数来表示。食品的含水量通常用干基和湿基两种方法来表示，通常所指的物料水分含量多指湿基水分含量（也称为湿度），干基水分含量常用于干燥过程物料衡算。

湿基水分含量是以湿物料为基准，指湿物料中水分占总质量的百分比，计算公式如下。

$$\omega = \frac{m}{m_0} \times 100\%$$

式中 ω——湿基湿含量，%；

m——水的质量，kg；

m_0——湿物料的总质量（水和干物质质量之和），kg。

干基水分含量是以不变的干物质为基准，指湿物料中水分与干物质质量的百分比，计算公式如下。

$$\omega' = \frac{m}{m_c} \times 100\%$$

式中 ω'——干基湿含量，%；

m——水的质量，kg；

m_c——湿物料中干物质的质量，kg。

（四）水分活度

物料的含水量只是表示了物料中含水的多少，它不足以说明水的功能水平，特别是水的生物化学可利用性和在物料变质机制中水的作用大小。安全含水量的标准不能任意从一个产品推广到另一产品，因为一定的含水量对某种产品是安全的，对另一产品则未必安全。例如，含水量为 20% 的土豆淀粉或者含水量为 14% 的小麦淀粉都是稳定的，然而含水量 12% 的乳粉却很快就会变质。能本质地反映物料中水的活性的概念是水分活度 AW。活度是重要的物理化学概念。水分活度 AW 是物料中水分的热力学能量状态高低的标志。

水分活度（AW）是指溶液的水蒸气分压 p 和同温度下溶剂（常以纯水）的饱和蒸汽压 p_0 之比：

$$A_w = \frac{p}{p_0} \times 100\%$$

水分活度是 0 ～ 1 的数值。纯水的 AW 等于 1。食品中的水总有一部分是以结合水的形式存在的，而结合水的蒸汽压比纯水的蒸汽压低得多，因此，食品的 AW 总是小于 1。食品中结合水的含量越高，AW 越低。温度不变，AW 增大表示物料中水分的汽化能力增大，水分透过细胞膜的渗透能力增大，水分在物料内部扩散速率增大。

图 4-1 表示了典型食品物料水分吸附等温线。水从湿物料中去除的难易程度与水分活度有关，各种食品的含水量与其对应的 AW 呈非线性关系。在一定温度条件下用来反映食品的含水量与其水分活度的平衡曲线称为吸附等温线。

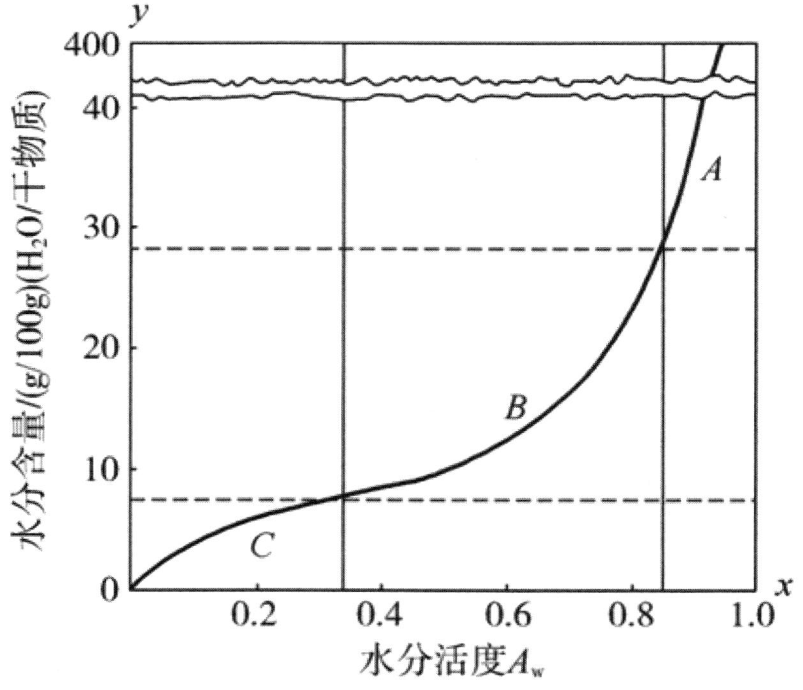

图 4-1 典型食品物料水分吸附等温线

（五）水分活度与食品稳定性

各种食品在一定条件下都有其一定的水分活度，食品中微生物的活动和各种生物化学反应也都需要在一定的水分活度范围内才能进行。因此，降低水分活度，可以提高食品的稳定性，减少腐败变质并预测食品的耐藏性。

1. 水分活度与微生物的关系

微生物是引起食品变质的主要原因，不同的微生物在食品中繁殖，都有它最适合的 AW 范围，其中以细菌最为敏感，其次是酵母和霉菌。在一般情况下，AW 小于 0.90 时，细菌不能生长；AW 低于 0.87 时大多数酵母菌受到抑制；AW 小于 0.8 时大多数霉菌不能生长，但有一些嗜高渗酵母菌株在 AW 低至 0.65 时仍能生长。

需要指出的是，最低水分活度值不是绝对的，因为食品的 pH、温度、微生物的营养状况以及水中特定溶质的性质，对水分活度也会有影响。如金黄色葡萄球菌生长的最低 AW，在乳粉中是 0.861，在酒精中则是 0.973。

目前干燥采用的温度不是很高，即使是高温干燥，因脱水时间短，微生物只是随着干燥过程中水分活度的降低而进入休眠状态。一旦环境条件改变，食品物料吸湿，微生物也会重新恢复活动。仅靠干燥过程并不能将微生物全部杀死，因此干燥食品并非无菌，遇到温暖潮湿气候，也会腐败变质。因此食品干燥过程不能代替食品必要的灭菌处理，仍需加强卫生控制，减少微生物污染，降低其对食品的腐败变质作用。应该在干制工艺中采取相应的措施如蒸煮、烫漂等，以保证干制品安全卫生。某些食品物料若污染有病原菌，或有导致人体致病的寄生虫（如猪肉旋毛虫）存在时，则应在干燥前设法将其杀死。

2. 水分活度对酶的影响

当水分活度小于 0.85 时，导致食品原料腐败的大部分酶会失去活性，如多酚氧化酶、过氧化物酶、维生素 C 氧化酶、淀粉酶等。然而，即使在 0.1 ~ 0.3 这样的低水分活度下，脂肪氧化酶仍能保持较强活力。只有当水分含量降至 1% 以下时才能完全抑制酶的活性，而通常的干燥很难达到这样低的水分含量。例如 30℃下贮藏的大麦粉和卵磷脂的混合物，在低水分活度下基本不发生酶解反应，在贮藏 48d 以后，当水分活度 AW 上升到 0.7 时，该食品的脂酶解反应速率迅速提高。此外，酶反应速率还与酶能否与食品相互接触有关，当酶与食品相互接触时，反应速率较快；当酶与食品相互隔离时，反应速率较慢。如 AW 等于 0.15 时，脂肪氧化酶就能分解油脂，而固态脂肪在此水分活度时仅有极小的变化。

食品干燥过程不能替代酶的钝化或失活处理，为了防止干制品中酶的作用，食品在干燥前需要进行酶的钝化或灭酶处理。

3. 水分活度对食品质构的影响

水分活度对干燥和半干燥食品的质构有较大的影响。当水分活度从 0.2 ~ 0.3 增加到 0.65 时，大多数半干或干燥食品的硬度及黏性增加。当水分活度为 0.4 ~ 0.5 时，肉干的硬度及耐咀嚼性最大。另外，饼干、爆米花等各种脆性食品，必须在较低的 AW 下才能保持其酥脆。为了避免绵白糖、乳粉以及速溶咖啡结块或变硬发黏，都需要使产品保持相当低的水分活度。控制水分活度在 0.35 ~ 0.5 可保持干燥食品的理想状态。而对含水较多的食品，如蛋糕、面包、果冻布丁等，它们的水分活度大于周围空气的相对湿度，保存时需要防止水分蒸发。

（六）物料中水分的分类

将物料吸湿或解湿等温线图中的横坐标值当作空气的相对湿度 φ，纵坐标为相对应的物料平衡含水量，则物料中的各种水分关系如图 4-2 所示。

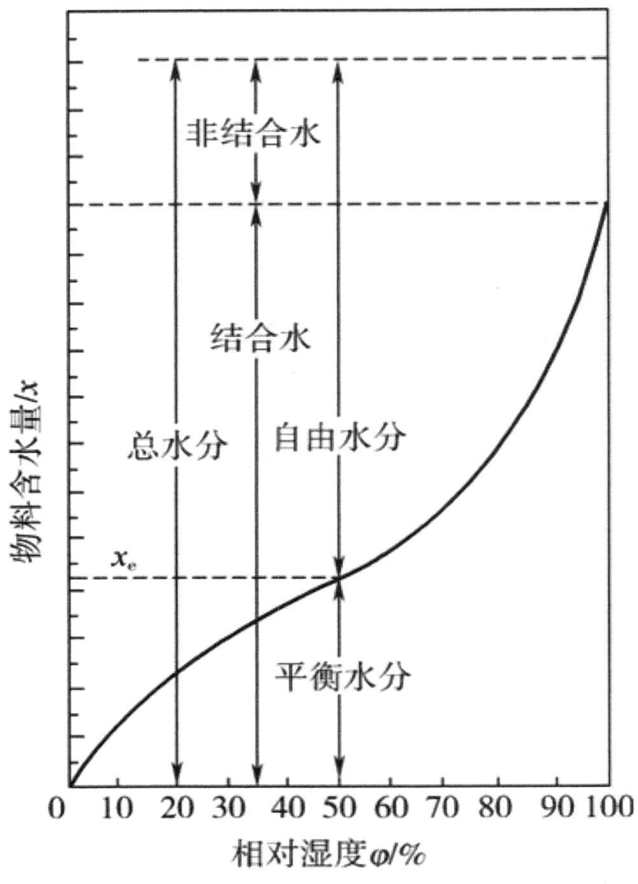

图 4-2 物料中各种水分的含义

1. 按物料与水分的结合方式分类

按与物料的结合方式，物料中所含的水分分为化学结合水、物理化学结合水和机械结合水。

（1）化学结合水。包括与物料的离子结合和结晶型分子结合的水。化学结合水结合最牢，不能用一般干燥方法除去。例如，若脱掉结晶水，晶体必遭破坏。

（2）物理化学结合水。包括吸附水分、渗透水分和结构水分。吸附水分是物料内外表面靠分子间力吸附结合的水分，是物理化学结合水中结合最强的。渗透水分是物料组织壁内外溶质浓度差形成的渗透压作用而结合的水。结构水分是胶体形成时结合在物料网状结构内的水。

（3）机械结合水。包括毛细管水分、空隙水分和润湿水分。毛细管水分存在于物料中的纤维或成团颗粒间。润湿水分是与物料机械混合的水分，易用加热和机械方法脱除。

2. 按水分去除的难易程度分类

按物料中水分去除的难易程度，物料中的水分分为结合水分和非结合水分。

（1）结合水分。主要是指物化结合的水分和机械结合的毛细管水分，这种水分难以去除。结合水分产生的蒸汽压低于相同温度纯水的蒸汽压，故结合水分的 AW 小于 1。

（2）非结合水分。包括物料表面的润湿水分及空隙水分，这种水分易于去除。非结合水分产生的蒸汽压和同温度纯水产生的蒸汽压相近，亦即其 AW 近似等于 1。

3. 按水分能否用干燥方法除去分类

物料中的水分按在一定条件下是否能用干燥方法除去而分为自由水分和平衡水分。

（1）自由水分。物料与一定温度和湿度的湿空气流充分接触，物料中的水分能被干燥除去的部分，称为自由水分。

（2）平衡水分。自由水分被干燥除去后，尽管物料仍与这种温湿度的空气流接触，但物料中的水分已不再失去而维持一定的含水量，这部分水分就称作物料在此空气状态下的平衡水分。平衡水分代表物料在一定空气状态下干燥的极限。平衡水分的多少即平衡含水量值与空气的温湿度相联系，也因物料种类而异。

（七）湿热传递过程

食品的干燥过程实际上是食品从外界吸收足够的热量，使其所含水分不断向环境中转移，从而导致其含水量不断降低的过程。该过程是热量和质量传递同时存在的过程，伴随着传热（物料对热量的吸收）和传质（水分在物料中的迁移），因而也称作湿热传递过程。

1. 给湿过程

当干燥环境介质空气处于不饱和状态，食品物料表面水分蒸气压大于干燥介质的蒸汽压时，物料表面受热蒸发水分，而物料表面又被内部向外扩散的水分湿润，此时水分从物料表面向干燥介质中蒸发的过程称为给湿过程，也称为物料表面水分蒸发过程。

2. 导湿过程

给湿过程的进行，导致了待干食品内部与表面之间的水分差异，表面湿含量比物料内部的湿含量低，即存在水分梯度。在这种作用下，内部水分将以液体或蒸汽形式向表层迁移，这就是所谓的导湿过程或水分的扩散过程。水分扩散一般是从高水分处向低水分处扩散，即是从内部不断向表面方向移动。

导湿过程食品表面受热高于中心部位，因而在物料内部会建立一定的温度差，即温度梯度。因此，水分既会在水分梯度的作用下迁移，也会在温度梯度的作用下扩散。温度梯度将促使水分（无论是液态还是气态）从高温向低温处转移，这种现象称为导湿温性。

3. 热湿传导现象

在干燥过程中，湿物料表面同时存在着温度梯度和湿度梯度，在大多数干燥方法中，物体传热的方向由表至里，因此温度梯度和湿度梯度的方向相反，而且温度梯度起着阻碍水分由内部向表层扩散的作用。但是在对流干燥的降率干燥阶段，往往会出现导湿温性占主导地位的情形。此时食品表面的水分就会向它的内部迁移，由于其表面蒸发作用仍在进行，导致其表面迅速干燥，温度上升。只有当食品内部因水分蒸发而建立起足够的压力时，才能改变水分传递的方法，使水分重新扩散到表面蒸发。结果不仅延长了干燥时间，而且会导致食品表面硬化。

随着干燥过程的进行，物料的水分梯度逐渐减少，温度梯度逐渐增大，水分从内部向表面的总流量逐渐减少，而物料表面的水分蒸发速度则取决于干燥介质的参数变化。若表面水分的蒸发速度不快于内部水分的扩散速度，则干燥过程就维持恒速干燥阶段；反之，若水分的蒸发速度快于水分的扩散速度，干燥则进入减速干燥阶段。在减速干燥阶段，会出现导湿温性大于导湿性，迫使水分从外层向内部转移，而表面的水分仍在进行蒸发，导致产品表面硬化、龟裂。

（八）影响湿热传递的主要因素

干燥过程的影响因素主要取决于干燥条件（由干燥设备类型和操作状况决定）和干燥物料的性质。

1. 干燥条件的影响

（1）空气温度。传热介质的温度对干燥速度和干制品的质量有明显的影响。如果传热介质温度低，物料表面水分蒸发速度就慢，干燥时间就长，造成干制品质量下降。如果传热介质的温度高，食品表面水分蒸发速度快，若食品内部水分扩散速度小于表面蒸发速度，则水分蒸发就会从表面向内层深处转移。为了提高产品质量，保证物料表面水分蒸发的顺利进行，并避免在食品内部形成阻碍水分向外扩散的温度梯度，就必须控制干燥介质的温度，既不能过高，也不能过低，应尽可能使水分蒸发速度等于水分扩散速度。

（2）空气相对湿度。空气的相对湿度也是影响湿热传递的因素。脱水干燥时，空气相对湿度低，食品干燥速率快。近于饱和的湿空气进一步吸收水分的能力远比干燥空气差。干燥时，食品的水分下降的程度是由空气湿度所决定的。

（3）空气流速。空气流速加快，食品干燥速率加速。加快空气流速，能及时将聚集在食品表面附近的饱和湿空气带走，以免阻止食品内水分进一步蒸发；同时还因为与食品表面接触的空气量增加，而显著加速食品中水分的蒸发。在生产过程中，由于物料脱水干燥过程有恒速与降速阶段，为了避免食品干燥过程中形成温度梯度，影响干燥质量，空气流速与空气温度在干燥过程中要互相调节控制。

（4）大气压力或真空度。在其他条件不变的情况下，大气压力降低，沸点下降，水的沸腾蒸发加快。在真空室内加热干燥，就可以在较低的温度条件下进行，使产品的溶解性提高，较好地保存营养价值，延长产品的储藏期。对于热敏性食品物料的干燥，低温加热与缩短干燥时间对制品的品质极为重要。

2. 食品物料的影响因素

（1）物料的干燥温度。物料的温度对干燥也有影响。水分从物料表面蒸发，会使表面温度下降，这是水分由液态转化成蒸汽时吸收相变热所引起的。物料的进一步干燥需要提供热量，如用热空气加热，干燥空气温度不论多高，只要有水分蒸发，物料温度不会高于介质温度。若物料水分含量下降，蒸发速率减慢，物料的温度将随之上升，最终接近干燥介质温度。对于热敏性食品物料，通常在物料尚未达到高温时就应取出，以保证产品质量。

（2）物料的表面积。物料的表面积对干燥速度有一定的影响。由于传热介质与食品的换热量及食品水分的蒸发量均与食品的表面积成正比。为了加速湿热交换，提高干燥速率，通常把被干燥物料分割成薄片、小块或粉碎后再进行干燥。这不仅可以增加食品与传热介质的接触面积，而且缩短了热与质的传递距离，为物料内水分外逸提供了更多的途径，从而加速了水分的扩散与蒸发，缩短了干燥时间。可见，食品的表面积越大，干燥的速度就越快，干燥效率越高。

（3）物料的组成与结构。食品成分、结构、食品溶质的类型和浓度、食品中水分的存在状态等都会影响物料在干燥过程中的湿热传递，影响干燥速率和产品质量。食品成分在物料中的位置对干燥速率有一定的影响。从分子组成角度上来看，真正具有均一组成成分结构的食品物料并不多。许多纤维性食物都具有方向性，因此在干燥肉制品时，肥瘦组成不同的部位将有不同的干燥速度，特别是水分的迁移需通过脂肪层时，对速率影响更大。故当肉类干燥时，将肉层与热源相对平行，避免水分透过脂肪层，就可获得较快的干燥速率。溶质的存在，特别是高糖分食品物料或低相对分子质量溶质的存在，会提高溶液的沸点，影响水分的汽化。因此溶质浓度愈高，维持水分的能力愈强，相同条件下干燥速率下降。与食品物料结合力较低的游离水分最易去除，以物理化学结合力吸附在食品物料固形物中的水分相对较难去除，最难去除的是由化学键形成水化物的水分。

二、干燥曲线与干燥速率

物料的干燥速率即水分汽化速率 NA 可用单位时间、单位面积（气固接触界面）被汽化的水量表示，通常用下式表示：

$$N_A = \frac{G_c dX}{-A d\tau}$$

式中 G_c——试样中绝对干燥物料的质量，kg；

A——试样暴露于气流中的表面积，m^2；

X——物料的自由含水量，$X=Xt-X^*$，kg 水 /kg 干料。

（一）干燥曲线

干燥曲线是说明食品含水量随干燥时间而变化的关系曲线，如图 4-3 所示，从图中曲线 1 可以看出，在干燥开始后的很短时间内，食品的含水量几乎不变，这个阶段持续的时间取决于食品的厚度。随后，食品的含水量直线下降。在某个含水量（第一临界含水量）以下时，食品含水量的下降速度减慢，最后达到其平衡含水量，干燥过程即停止。

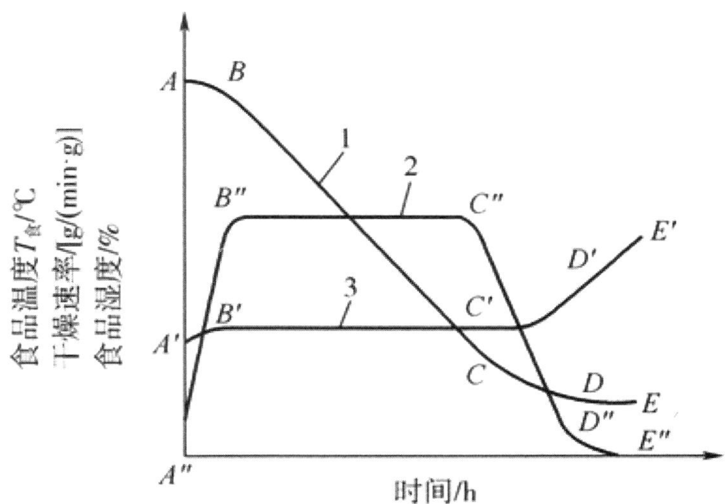

图 4–3　食品干燥过程曲线

1—干燥曲线　2—干燥速率曲线　3—食品温度曲线

（二）干燥速率曲线

物料的干燥速率是指单位时间内、单位干燥面积上汽化水分的质量。干燥速率曲线是表示干燥过程中任何时间的干燥速率与该时间的食品绝对水分之间关系的曲线。典型的干燥速率曲线如图 4-3 中曲线 2 所示。该曲线表明，在食品含水量仅有较小变化时，干燥速度即由零增加到最大值，并在随后的干燥过程中保持不变，这个阶段称作恒速干燥期。当食品含水量降低到第一临界点时，干燥速度开始下降，进入所谓的降速干燥期。由于在降速干燥期内干燥速度的变化与食品的结构、大小、水分与食品的结合形式及水分迁移的机理等因素有关，因此，不同的食品具有不同的干燥速率曲线。

（三）食品温度曲线

温度曲线是表示干燥过程中食品温度与其含水量之间关系的曲线。由图 4-3 中曲线 3 可以看出，在干燥的起始阶段，食品的表面温度很快达到湿球温度。在整个恒率干燥期内，食品的表面均保持该温度不变，此时食品吸收的全部热量都消耗于水分的蒸发。在降速干燥阶段，由于水分扩散的速度低于水分蒸发速度，食品吸收的热量不仅用于水分蒸发，而且使食品的温度升高。当食品含水量达到平衡含水量时，食品的温度等于加热空气的温度（干球温度）。

总之，干燥过程中食品内部水分扩散大于食品表面水分蒸发或外部水分扩散，则恒速阶段可以延长；若内部水分扩散速率小于表面水分扩散，就不存在恒速干燥阶段。

三、食品干制工艺条件的选择

干制品的质量在很大程度上取决于所用的干制工艺条件，因此，如何选择干制工艺条件是食品干燥的最重要问题之一。食品干制工艺条件因干燥方法而异，空气干燥主要取决于空气温度、相对湿度、空气流速和食品的温度等，真空干燥主要取决于干燥温度、真空度等，冷冻干燥则主要取决于冷冻温度、真空度、蒸发温度等。不论使用何种干燥方法，其工艺条件的选择都应尽可能满足这样的要求：干燥时间最短、能量消耗最少、工艺条件的控制最简便以及干制品质量最好。但是，在实际的操作中，最佳工艺条件几乎是达不到的。为此，我们可以根据实际情况选择相对合理的工艺条件。

选择干制工艺条件时，应遵循下述原则。

1. 所选择的工艺条件尽可能使食品表面水分蒸发速度与其内部水分扩散速度相等，同时避免在食品内部形成较大的温度梯度，以免降低干燥速度和出现表面硬化现象，特别是在干燥导热性较差和体积较大的食品时，尤其需要注意。此时可以适当降低空气温度和流速，提高空气的相对湿度，这样就能控制食品表面的水分蒸发速度，降低食品内部的温度梯度，提高食品表面的导湿性。

2. 在恒速干燥阶段，由于食品所吸收的热量全部用于水分的蒸发，表面水分蒸发速度与内部水分扩散的速度相当，因此，可以采用适当高些的空气温度，以加快干燥过程。一般情况下，生鲜食品在干燥初期均可以采用较高的空气温度。而含淀粉或胶质较多的食品如果采用较高的空气温度干燥，其表层极易形成不透水干膜，阻碍水分的蒸发，因此只能使用较低的空气温度。

3. 在干燥后期，应根据干制品预期的含水量对空气的相对湿度加以调整。如果干制品预期的含水量低于空气温度和相对湿度所对应的平衡含水量时，就必须设法降低空气的相对湿度，否则，将达不到预期的干制要求。

4. 在降速干燥阶段，由于食品表面水分蒸发速度大于内部水分扩散速度，因此表面温度将逐渐升高，并达到空气的干球温度。此时，应降低空气温度和流速，以控制食品表面水分蒸发的速度和避免食品表面过热。对于热敏性食品尤其应予以重视。

四、影响干燥速率的因素

由于外在环境及食品本身特性的不同，而有不同的干燥速度，将各种影响因素，分别叙述如下。

（一）外在环境因素

干燥温度：干燥温度愈高，则干燥速率愈快，但仍须考虑表面蒸发与内部扩散的平衡。

食品与热媒接触表面积：食品与热媒接触的表面积愈大，则干燥速率愈快。

环境相对湿度：环境相对湿度降低，表示环境愈干燥，可使潮湿食品内部的水分快速移除，进而增加干燥速率。

热风速度：增加热风速度，可迅速去除食品表面的饱和蒸汽压，增加食品的干燥速率。

大气压与真空度：于高真空度下加热，则可于低温下除去水分。压力越低（真空度越高），沸点越低。

蒸发与温度：当水分由表面蒸发时，会带走蒸发潜热，而降低食品表面温度，随后须再次升温才能进行干燥。

（二）食品特性因素

食品组成分：食品组成分不同，其干燥速度亦有差异。食品中结合水含量愈高，愈不容易干燥。食品组成的方向与热风同一方向则易被干燥。

组织细胞结构：当植物组织呈现活细胞状态时，细胞膜和细胞壁维持相当量的水分，而有一定细胞结构，此时呈现坚硬状态，因有膨压存在的关系，使其水分不易被干燥。但当植物组织经加热或杀菁使细胞死亡后，细胞结构变成可通透性，水分容易被除去，如此可增加干燥速度。

食品中溶质浓度：溶质浓度愈高，则蒸发速度愈慢，愈不易干燥脱水。

五、干燥的方法

食品干燥可分为自然干燥法和人工干燥法两大类。自然干燥有晒干与风干。食品干燥更多地是采用人工干燥。人工干燥方法依热交换方式和水分除去方式的不同进行分类，按干燥的连续性可分为间歇式和连续式；按操作压力不同可分为常压干燥和真空干燥；按工作原理又可分为对流干燥、接触干燥、冷冻干燥、辐射干燥和能量场干燥，其中对流干燥在食品工业中应用最多。

（一）对流干燥

对流干燥又称空气对流干燥，是最常见的食品干燥方法。这类干燥在常压下进行，有间歇式（分批）和连续式；利用空气作为干燥介质，空气既是热源，也是湿气的载体，热量以对流的方式传递给湿物料，使食品原料中的水分汽化，而达到干燥的目的。

对流干燥进行的必要条件是物料表面的水蒸气压必须大于干燥介质（热空气）中的水蒸气分压。两者的压差愈大，干燥进行得愈快，所以干燥介质应及时将汽化的水汽带走，以便保持一定的传质推动力。若压差为零，则无水汽传递，干燥操作也就停止。对流干燥适用于各种食品物料的干燥，湿物料可以是固体、膏状物料及液体，而且成本较低。

1. 厢式干燥

厢式干燥器又叫作柜式干燥器，是一种外壁绝热、外形像箱子的干燥器，也称盘式干燥器、烘房，是最古老的干燥器之一。

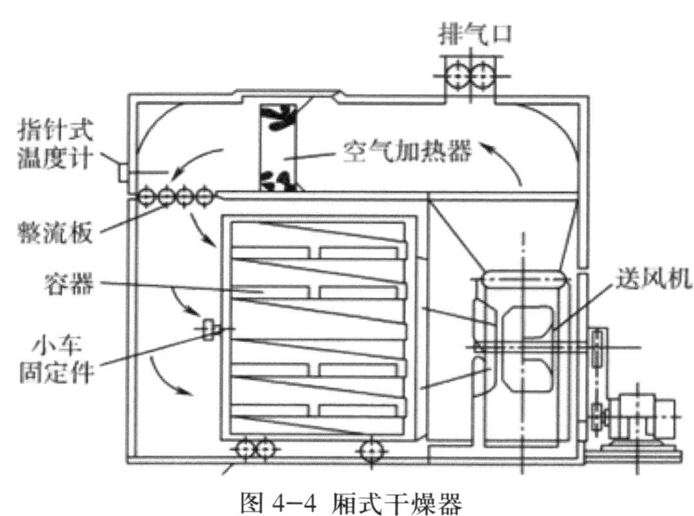

图 4-4 厢式干燥器

如图 4-4 所示，厢式干燥器大多为间歇操作，一般用盘架盛放物料，优点是制造和维修方便，使用灵活性大；物料容易装卸，损失小，盘易清洗；设备结构简单，投资少；厢式干燥器几乎能够干燥所有的物料。因此，对于需要经常更换产品、价高的成品和小批量物料，厢式干燥器的优点十分显著。

但厢式干燥器也有它的不足之处，主要是：物料得不到分散，干燥时间长，干燥不均匀；若物料量大，所需的设备容积也大；这种干燥器每次操作都要装卸物料，劳动强度大；需要定时将物料装卸或翻动时，粉尘飞扬，环境污染严重，劳动卫生条件差，一般只限于每批产量在几千克到几十千克的情况下使用；热效率低，一般在 40% 左右，每干燥 1kg 水分需消耗加热蒸汽 2.5kg 以上。此外，产品质量不够稳定也是其一大缺点。因此，随着干燥技术的发展，将逐渐被新型干燥器所取代。

2. 隧道式干燥

隧道式干燥器是将厢式干燥器的箱体扩展为长方形通道，其他结构基本不变。其长度可达 10 ~ 15m，可容纳 5 ~ 15 辆装满料盘的小车，这样就增大了物料的处理量，生产成本降低，可连续或半连续操作。

待干燥物料被装入带网眼的料盘，有序地摆放在小车的搁架上，然后进入干燥室沿通道向前运动，并一次通过通道。被干燥物料的加料和卸料在干燥室两端进行。物料在小车上处于静止状态，载有物料的小车充满整个隧道。当推入一辆有湿物料的小车时，彼此紧跟的小车都向出口端移动。高温低湿空气进入的一端称为热端，低温高湿空气离开的一端称为冷端；湿物料进入的一端称为湿端，而干制品离开的一端为干端。

按照气流运动与物流的方向，可将隧道式干燥器分为顺流式、逆流式、混流式干燥。

（1）顺流式干燥

顺流式隧道干燥装置如图 4-5 所示。顺流干燥的物流与气流方向一致，其热端就是湿端，而冷端为干端。物料从高温低湿一端进入，其表面水分迅速蒸发，空气温度也急剧降低，愈往前进，温度愈低、湿度愈高，水分蒸发逐渐减慢。在干端，低温高湿的空气与即将干燥的物料相遇，水分蒸发极其缓慢，甚至可能不能蒸发或者反而会从空气中吸湿，使干燥食品的平衡水分增加，导致干制品的最终含水量难以降低到预定值。因此，吸湿性较强的食品不宜选用顺流式干燥方法。该法适用于含水量较高的水果、蔬菜等的干燥。

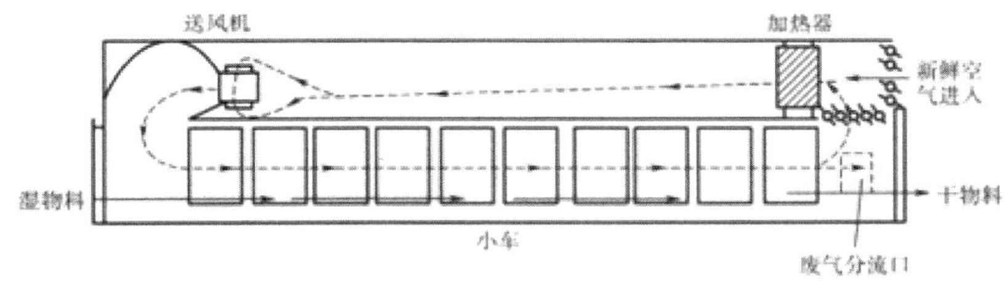

图 4−5 顺流式隧道干燥示意图

（2）逆流式干燥

逆流式隧道干燥装置如图 4-6 所示。逆流干燥的物流与气流方向恰好相反，它的湿端为冷端，而干端则为热端。潮湿的食品首先遇到的是低温高湿的空气，水分蒸发速度比较缓慢，食品不易出现表面硬化和收缩现象，而中心又能保持湿润状态。在食品移向热端的过程中，由于所接触的空气温度逐渐升高而相对湿度逐渐降低，因此水分蒸发强度也不断增加。当食品接近热端时，尽管处于低湿高温的空气中，由于其中大量的水分已蒸发，其水分蒸发速率仍比较缓慢。此时热空气温度下降不大，而干物料的温度则将上升到和高温空气相近的程度。因此干端的进口温度不宜过高，一般不超过 80℃为宜，否则物料停留时间过长，物料容易焦化。

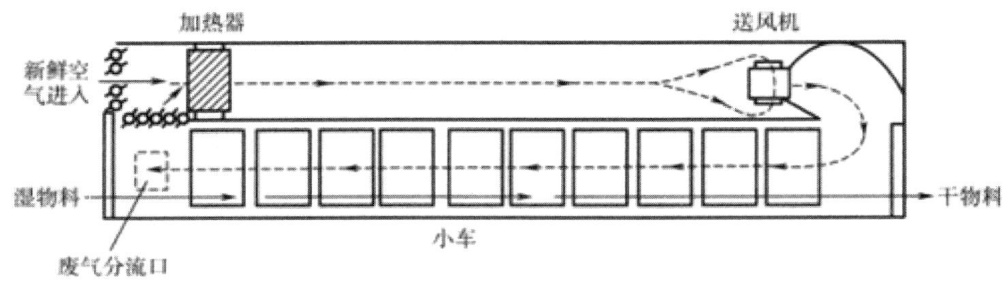

图 4–6 逆流式隧道干燥示意图

另外，逆流干燥时湿物料装载量不宜过多，因为在逆流干燥初期干燥强度小，甚至会出现增湿现象。如果湿物料装载量过多，就会使物料长时间接触饱和的低温高湿气体，有可能会引起食品的腐败变质。

（3）混流式干燥

混流式隧道干燥装置如图 4-7 所示。混流干燥吸取了顺流式湿端水分蒸发速率高和逆流式后期干燥能力强的两个优点，组成了湿端顺流和干端逆流的两段组合方式。干燥机内设两个加热器和两个鼓风机，分别设在隧道的两端，热风由两端吹向中间，通过物料将湿热空气从隧道中部集中排出一部分，另一部分回流利用。混流式干燥整个过程均匀一致，传热传质速率稳定，生产效率高，产品质量好。

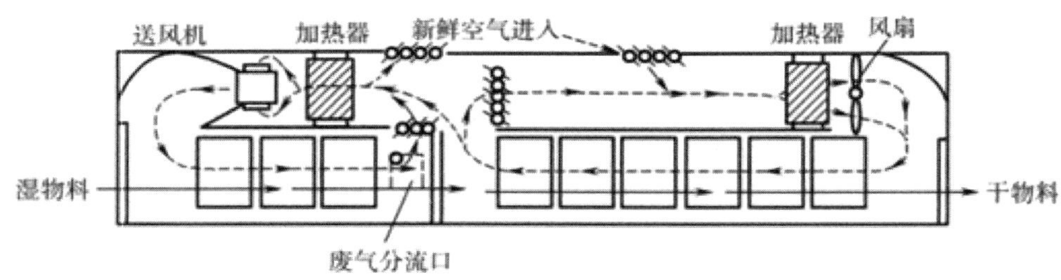

图 4–7 混流式隧道干燥示意图

3. 带式干燥

带式干燥装置中除载料系统由输送带取代装有料盘的小车外，其余部分基本上和隧道式干燥设备相同。它是将待干燥物料放在输送带上进行干燥。输送带可以用一根环带，也可以用几根上下放置的环带。输送带可以是帆布带、橡胶带、钢带和钢丝网带等，其中网带可以使干燥介质以穿流方式穿过，干燥效果最好。带式干燥可分为单带式、双带式和多带式。

单带式干燥器装置如图 4-8 所示，干燥时热风从带子的上方穿过物料层和网孔，达到穿流接触的目的。由于带子不可能很长，所以单带式干燥只适用于干燥时间短的物料。

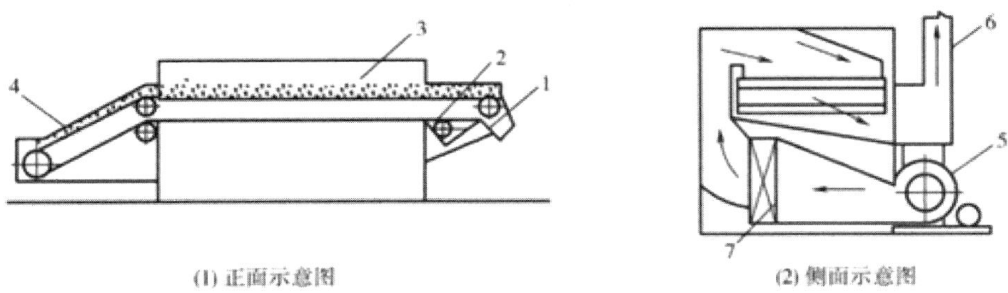

图 4–8 单带式干燥示意图

1—排料口 2—网带水洗装置 3—输送带 4—加料口 5—送风机 6—排气管 7—加热器

双带式干燥装置如图 4-9 所示，两条输送带串联组成，因而半干物料从第一输送带末端向着其下方的另一输送带上卸落时，物料经过了翻转、混合、重新堆积的过程，使物料的干燥程度更加均匀。并且经过第一段干燥后，物料中大部分水分已被除去，物料体积收缩，重新堆成较厚的层，既不影响干燥过程，又可减小设备尺寸和占地面积。

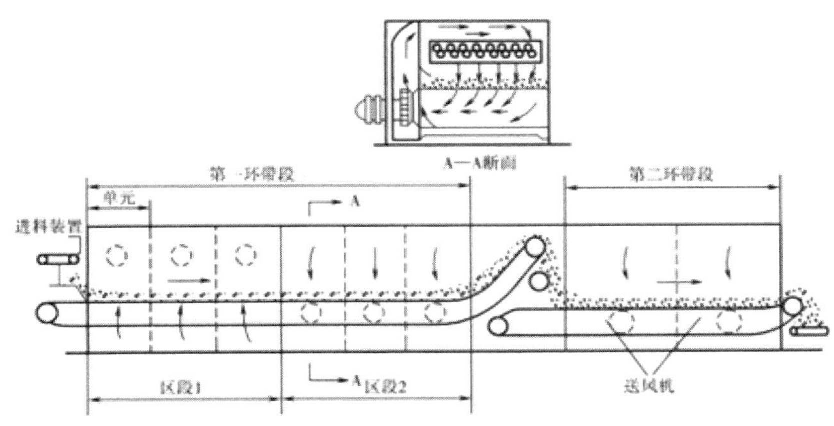

图 4–9 双带式干燥示意图

多带式干燥器装置如图 4-10 所示，空气经预热后从下部进入，由下向上依次流过各层物料。相邻的两根环带的运动方向相反。湿物料从最上层的带子上方加入，随着带子移动，并依次落入下一根环带，最后从下部卸出干燥的物料。这种干燥器不仅使物料多次翻转维持了通气性，还增加了堆积厚度，增大了比表面积，提高了降速阶段的干燥速率。

带式干燥的特点是有较大的物料表面暴露于干燥介质中，物料内部水分移出的路径较短，并且物料与空气有紧密的接触，所以干燥速率很高。但是被干燥的湿物料必须预处理成分散的状态，以便减小阻力，使空气能顺利穿过带子上的物料层。

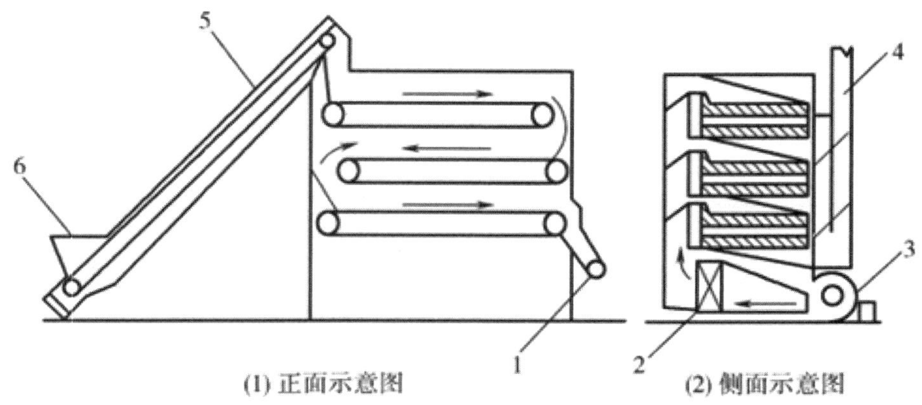

图 4–10 多带式干燥示意图

1—卸料装置 2—热空气加热器 3—送风机 4—排气管 5—输送机 6—加料口

4. 气流干燥

气流干燥是将粉末状或颗粒状食品悬浮在热空气流中进行干燥的方法。它是把湿物料送入热气流中，物料一边呈悬浮状态与气流并流输送，一边进行干燥。气流干燥适用于在潮湿状态下仍能在气体中自由流动的颗粒食品或粉末食品，如面粉、淀粉、谷物、葡萄糖、食盐、鱼粉、鱼汁浓缩物、马铃薯丁、肉丁或其他切成细块的食品。如图 4-11 所示为气流干燥装置示意图。

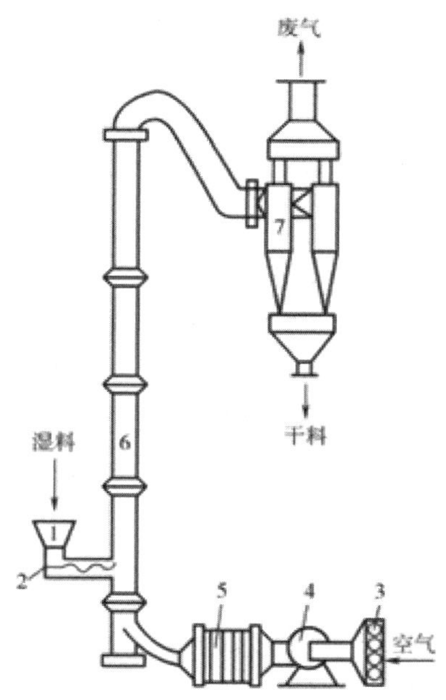

图 4–11 气流干燥示意图

1—料斗 2—螺旋加料器 3—空气过滤器 4—送风机
5—加热器 6—干燥管 7—旋风分离器

气流干燥时，物料呈悬浮状态在气流中高度分散，每个颗粒都被热空气所包围，因而能使物料最大限度地与热空气接触，热效率高，所需干燥器的体积可以大大减小，占地面积小。大多数物料的气流干燥只需 0.5 ~ 2s，最长不超过 5s，所以即使是热敏性或低熔点物料也不会因过热或分解而影响品质，可应用于各种粉状物料，粒径最大可达 100mm，湿含量可达 10% ~ 40%。

气流干燥的缺点是气流速率高，对物料有一定磨损，故对晶体形状有一定要求的产品不宜采用；气流速度大，全系统的阻力大，因而动力消耗大。普通气流干燥器的一个突出缺点是干燥管较长。

5. 流化床干燥

流化床干燥是近几年发展起来的一类新型干燥器，又称沸腾床干燥，如图 4-12 所示。在多孔板上加入待干燥的食品颗粒物料，热空气由多孔板的底部送入使其均匀分散，并与物料接触。当气体速度较低时，固体颗粒间的相对位置不发生变化，气体在颗粒层的空隙中通过，干燥原理与厢式干燥器完全类似，此时的颗粒层通常称为固定床。当气流速度继续增加后，颗粒开始松动，并在一定区间变换位置，床层略有膨胀，但颗粒仍不能自由运动，床层处于初始或临界流化状态。当流速再增高时，颗粒即悬浮在上升的气流之中做随机运动。颗粒与流体之间的摩擦力恰与其净重力相平衡，此时形成的床层称为流化床。由固定床转为流化床时的气流速度称为临界流化速度。流速愈大，流化床层愈高；当颗粒床层膨胀到一定高度时，固定床层空隙率增大而使流速下降，颗粒又重新落下而不致被气流带走。若气体速度进一步增高，大于颗粒的自由沉降速度，颗粒就会从干燥器顶部吹出，此时的流速称为带出速度，所以流化床中的适宜气体速度应在临界流化速度与带出速度之间。流化床适宜处理粉粒状食品物料，当粒径为 30μm ~ 6mm，静止物料层高度为 0.05 ~ 0.15m 时，适宜的操作气速可取颗粒自由沉降速度的 0.4 ~ 0.8 倍。若粒径太小，气体局部通过多孔分布板，床层中容易形成沟流现象；粒度太大又需要较高的流化速度，动力消耗和物料磨损都很大。

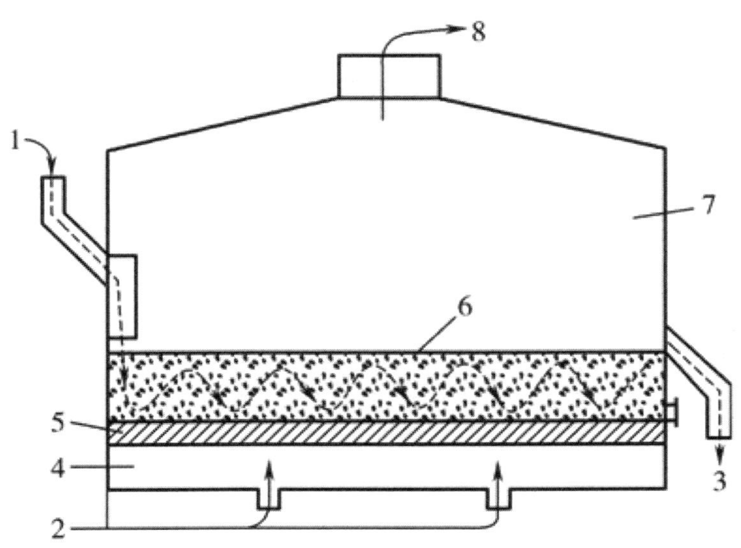

图 4-12 流化床干燥示意图

1—湿颗粒进口 2—热空气进口 3—干颗粒进口 4—强制通风室

5—多孔板 6—流化床 7—绝热风罩 8—湿空气出口

流化床干燥的主要特点是：物料颗粒与热空气在湍流喷射状态下进行充分的混合和分散，类似气流干燥，气固相间的传热传质系数及相应的表面积均较大，热效率高。由于气固相间激烈的混合和分散以及两者间快速地给热，使物料床温度均匀，易控制，颗粒大小均匀。物料在床层内的停留时间可任意调节，故对难干燥或要求产品含水量低的原料比较适用。设备设计简单，造价较低，维修方便。由于干燥过程风速过高，容易形成风速道，致使大部分热空气未经充分与物料接触而经风道排出，造成热量浪费；高速气流也容易将细颗粒物料带走，因此在设计上要加以注意。流化床干燥用于干态颗粒食品物料干燥，不适于易黏结或结块的物料。

6. 喷雾干燥

将溶液、乳浊液、悬浊液或浆料在热风中喷雾成细小的液滴，悬浮在热空气中，水分被瞬间蒸发而成为粉末状或颗粒状的产品，称为喷雾干燥。喷雾干燥以它独有的突出优点在食品工业生产中得到了广泛的应用，尤以液态食品脱水制成粉状产品的过程最为常用，如奶粉、乳清粉、蛋白粉、果汁粉、速溶咖啡、速溶茶，各种香辛料、液体调味料、汤料等食品的生产。根据干燥产品的要求，可以将不同的原料液制成粉状、颗粒状、空心球或团粒状等。喷雾干燥是目前干燥技术中较为先进的方法之一。

（1）喷雾干燥的优点：蒸发面积大，干燥时间短。料液被雾化后，液体的比表面积非常大。例如 1L 的料液可雾化成直径为 50μm 的液滴 146 亿个，总表面积可达 $5400m^2$。以这样大的表面积与高温热空气接触，瞬时就可蒸发 95% ~ 98% 的水分，因此完成干燥所需的时间很短，一般只需 5 ~ 40s。物料温度较低，虽然采用较高温度的干燥介质，但液滴有大量水分存在时，物料表面温度一般不会超过热空气的湿球温度（对奶粉干燥为 50 ~ 60℃），因此非常适合热敏性物料的干燥，能保持制品的营养、色泽和香味，制品纯度高且具有良好的分散性和溶解性。生产能力大，产品质量高。每 1h 喷雾量可达几百 t，是干燥器处理量较大者之一。过程简单、操作方便，适宜于连续化生产。喷雾干燥通常适用于湿含量 40% ~ 60% 的溶液，特殊物料即使含水量高达 90% 也可不经浓缩，同样一次干燥成粉状制品。大部分制品干燥后不需要粉碎和筛选，简化了生产工艺过程。对于制品的粒度、密度及含水量等质量指标，可通过改变操作条件进行调整，且控制管理都很方便。干燥后的制品连续排料，结合冷却器和气力输送可形成连续生产，有利于实现大规模自动化生产。

喷雾干燥的缺点：单位产品的耗热量大，设备的热效率低。在进风温度不高时，一般热效率为 30% ~ 40%，每蒸发 1kg 水分需 2 ~ 3kg 蒸汽；介质消耗量大，当干燥介质入口温度低于 150℃时，干燥器的溶剂传热系数较低。对于细粉产品的生产，微粉的分离装置要求较高，以避免产品损失和污染环境，附属装置比较复杂。由于设备体积庞大，基建费用大，对生产卫生要求高，设备的清扫工作需要量大。

（2）食品喷雾干燥工艺流程。喷雾干燥装置所处理的料液虽然差别很大，但其工艺流程却基本相同。图 4-13 所示为典型的喷雾干燥装置工艺流程。干燥过程所需的新鲜空气，经过滤后由鼓风机送至空气加热器中加热到所要求的温度，再进入热风分布器；料液由储槽进入喷雾塔；经喷嘴喷洒成细小的雾粒与热空气接触进行干燥；在液滴到达器壁前，料液已干燥成粉末沿壁落入塔底干料储器中；废气经旋风分离器、袋滤器二级捕集细粉后放空。

喷雾干燥过程分为四个阶段：料液雾化为雾滴、雾滴与热风接触、雾滴水分蒸发、干燥产品与空气分离。

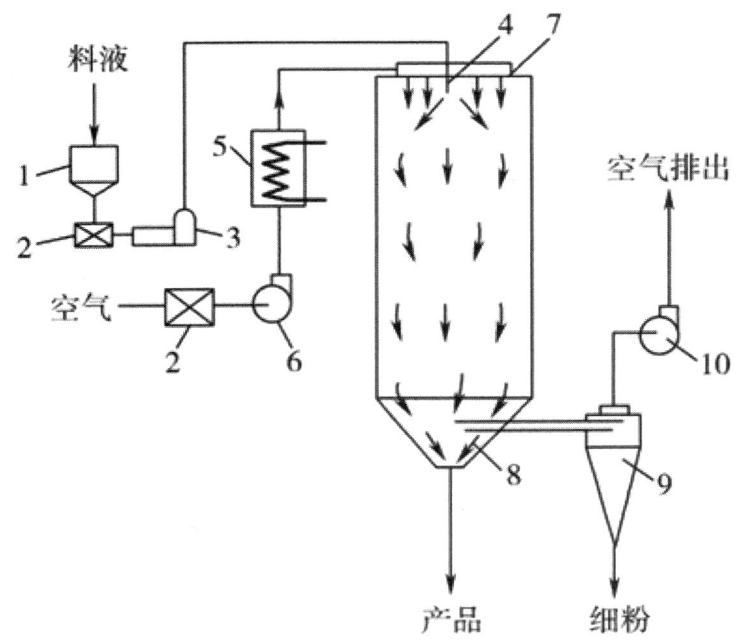

图 4-13 喷雾干燥工艺设备流程图

1—料液槽 2—过滤器 3—泵 4—雾化器 5—空气加热器 6—风机
7—空气分布器 8—干燥室 9—旋风分离器 10—排风机

①料液雾化：料液雾化的目的是将料液分散为细微的雾滴，雾滴的平均直径一般为 20 ~ 60μm，因此具有很大的表面积。常用的有气流式、压力式和离心式雾化器。在食品干燥中主要采用压力式喷雾和离心式喷雾。雾滴的大小和均匀程度对于产品质量和技术经济指标影响很大，特别是对热敏性物料的干燥尤为重要。如果喷出的雾滴大小很不均匀，就会出现大颗粒还未达到干燥要求，小颗粒却已干燥过度而变质。

②雾滴与干燥介质接触干燥：雾滴和干燥介质的接触方式对干燥室内的湿度分布，液滴、颗粒的运动轨迹，物料在干燥介质中的停留时间，以及产品性质有很大影响。在喷雾干燥室内，雾滴与干燥介质接触的方式有并流式、逆流式、混流式三种。在干燥器内，液滴与热风呈同方向流动为并流式喷雾干燥器。由于热风进入干燥室内立即与喷雾液滴接触，室内温度急剧下降，不会使干燥物料受热过度，因此适宜于热敏性物料的干燥，目前奶粉、蛋粉、果汁粉的生产，绝大多数都采用并流操作。图 4-14 所示为喷雾干燥器中常见的物料与空气的流动情况。在干燥器内，液滴与热风呈反方向流动为逆流式喷雾干燥器。混流式喷雾干燥器是在干燥器内，液滴与热风呈混合交错流动。

③雾滴水分蒸发：在喷雾干燥室内，雾滴水分蒸发干燥时，物料的干燥与在常规干燥设备中所经历的阶段完全相同，也经历着恒速干燥和降速干燥两个阶段。雾滴与干燥介质接触时，热量由干燥介质经过雾滴四周的界面层（即饱和蒸汽膜）传递给雾滴，使雾滴中水分汽化，通过界面层进入空气中，因而这是热量传递和质量传递同时发生的过程。只要雾滴内部的水分扩散到表面的量足以补充表面的水分损失，蒸发就以恒速进行，这时雾滴表面温度相当于干燥介质的湿球温度，这就是恒速干燥阶段。当雾滴内部水分向表面的扩散不足以保持表面的湿润状态时，雾滴表面逐渐形成干壳，干壳随着时间的增加而增厚，水分从液滴内部通过干壳向外扩散的速度也降低，即蒸发速度逐渐降低，这时物料表面温度高于干燥介质的湿球温度，这就是降速干燥阶段。

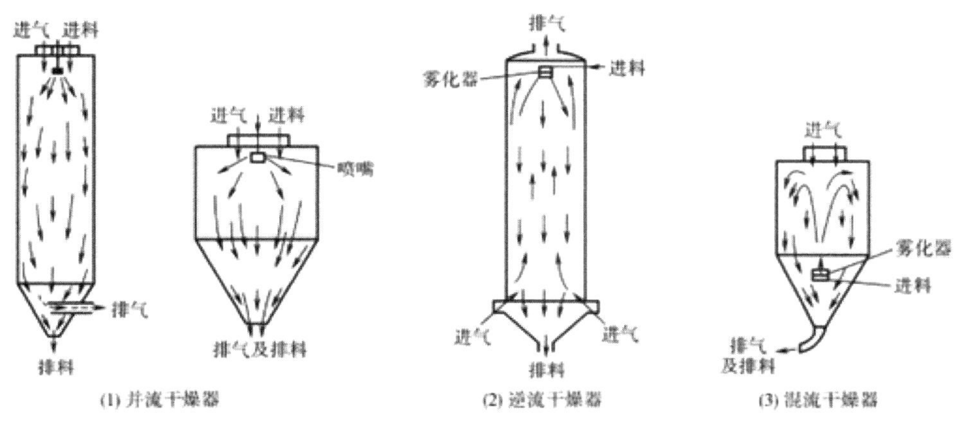

图 4-14　喷雾干燥气流与物料的流动情况

④干燥产品的收集及与空气的分离：喷雾干燥产品的收集有两种方式：一种是干燥的粉末或颗粒产品落到干燥室的锥体壁上并滑行到锥底，通过星形卸料阀之类的排料装置排出，少量细粉随空气进入旋风或脉冲袋式气固分离设备收集下来；另一种是全部干燥成品随气流一起进入气固分离设备分离收集下来。

（二）传导干燥

传导干燥与对流干燥的根本区别在于前者是加热金属壁面，通过导热方式将热量传递给与之接触的食品并使之干燥，而后者则是通过对流方式将热量传递给食品并使之干燥。传导干燥适用于液状、胶状、膏状和糊状食品物料的干燥（如脱脂乳、乳清、番茄汁、肉浆、马铃薯泥、婴儿食品、酵母等）。传导干燥按其操作压力可分为常压接触干燥和真空接触干燥。

1. 滚筒干燥

滚筒干燥是将料液分布在转动的、蒸汽加热的滚筒上形成薄膜，与热滚筒表面接触，料液的水分被蒸发，然后被刮刀刮下，露出的滚筒表面再次与湿物料接触并形成薄膜进行干燥，经粉碎为产品的干燥设备。经过滚筒转动一周的干燥物料，其干物质可从 3% ~ 30%（质量分数）增加到 90% ~ 98%，干燥时间仅需 2s 到几分钟。滚筒干燥设备结构简单，每蒸发 1kg 水需 1.2 ~ 1.5kg 蒸汽，比喷雾干燥热消耗低，占地面积小，维修、清洗、操作方便，适用于生产规模较小、对溶解度和品质要求不严格的产品制作。如图 4-15 所示为滚筒干燥物料的进料方式。

常压滚筒干燥器的结构简单，干燥速率快，热效率可高达 70% ~ 80%，筒内温度和间壁的传热速率能保持相对稳定，使料膜能处于稳定传热状态下干燥，产品的质量可获得保证，但会引起制品色泽及风味的变化，因而适于干燥热敏性食品。不过真空滚筒干燥法成本很高，只有在干燥极热敏性的食品时才会使用。

滚筒干燥法的使用范围比较窄，但对于不易受热影响的物料，滚筒干燥却是一种费用低的干燥方法，目前主要用于干燥土豆泥片、苹果沙司、各种淀粉、果汁粉等。

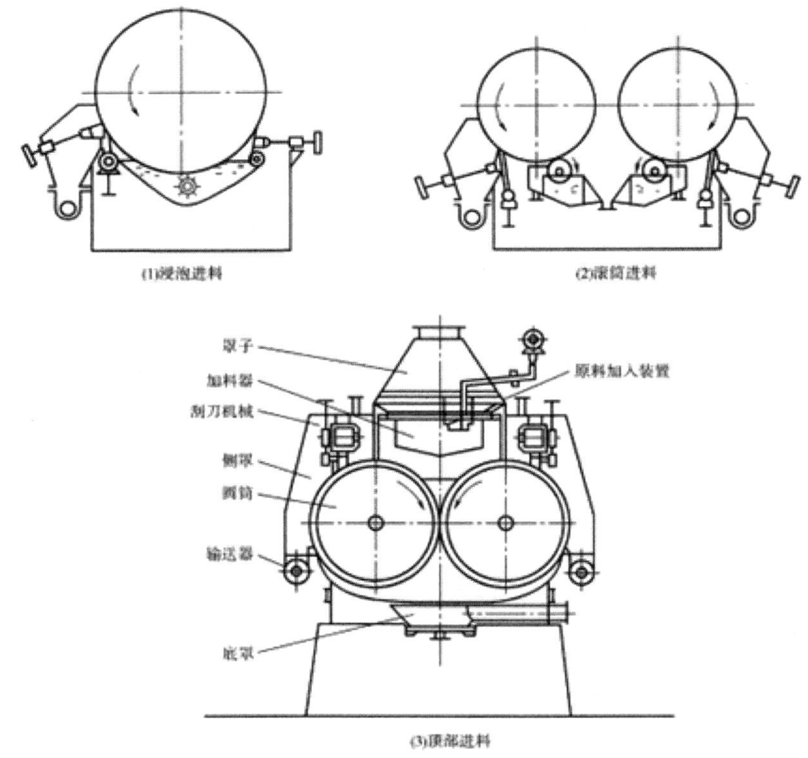

图 4-15 滚筒干燥不同的物料进料方式

滚筒干燥按照滚筒数量分为单滚筒、双滚筒（或对滚筒）、多滚筒；按操作压力可分为常压式和真空式；按滚筒的布膜方式可分为浸液式、喷溅式、对滚筒间隙调节式、铺辊式、顶槽式及喷雾式等类型。

2. 真空干燥

在常压下的各种加热干燥方法，因物料受热程度大，其色、香、味和营养成分均受到一定损失。若在低压条件下对物料进行加热，则可以使物料在较低温度下干燥，有利于减少对热敏性成分的破坏和热物理化学反应的发生，这种方法称为真空干燥。

物料在真空干燥过程中的受热温度低，水分蒸发快，干燥时间短，物料容易形成多孔状组织，使产品的溶解性、复水性、色泽和口感较好；可将物料干燥到很低的水分；用较少的热能，得到较高的干燥速率，热量利用经济；适应性强，对不同性质、不同状态的物料，均能适应；但与热风干燥相比，设备投资和动力消耗较大，成本高，产量较低。

真空干燥主要用于热敏性强、要求产品速溶性好的食品，如果汁型固体饮料、脱水蔬菜和豆、肉、乳各类干制品、麦乳品、豆乳晶等加工。真空干燥的类型很多，一般分为间歇式真空干燥和连续式真空干燥。

（1）间歇式真空干燥。箱式真空干燥设备或真空干燥箱是一种在真空条件下操作的传导型干燥器，适用于固体或液体的热敏性食品物料。这种干燥器主体为一真空密封的干燥室，干燥室内部装有供加热剂通入的加热管、加热板、夹套或蛇管等，其间壁则形成盘架，如图 4-16 所示。被干燥的物料均匀地散放在由钢板或铝板制成的活动托盘中，托盘置于盘架上。蒸汽等加热剂进入加热元件后，热量经加热元件壁和托盘传给物料。盘架和干燥盘应尽可能做成表面平滑，以保证有良好的热接触。干燥中产生的水蒸气由连接管导入混合冷凝器。在这种干燥器中，初期干燥速度快，但当物料脱水收缩后，则与干燥盘的接触逐渐变差，传热速率也逐渐下降。需要严格控制加热面温度，以防与干燥盘接触的物料局部过热。

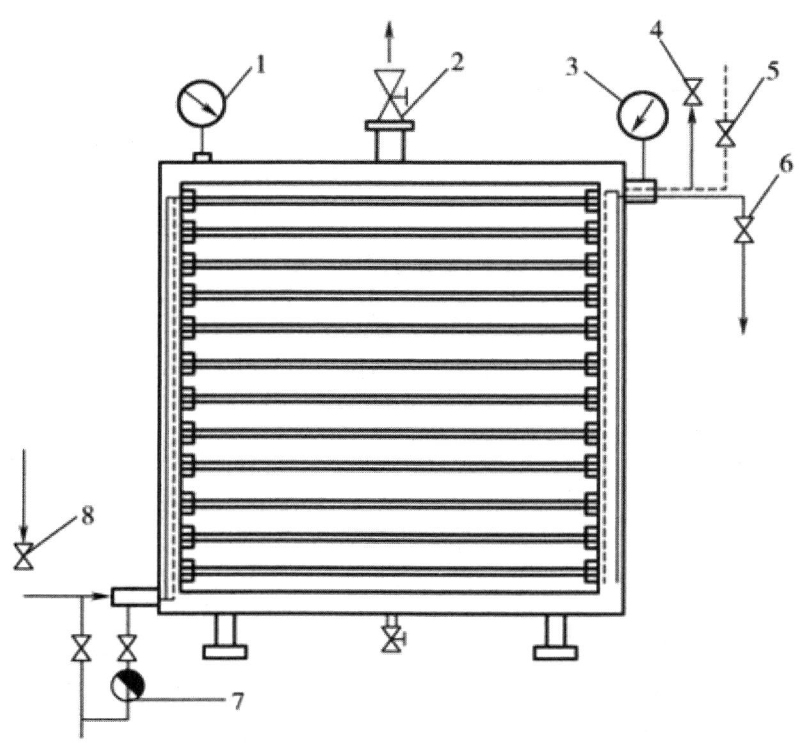

图 4-16 真空干燥箱

1—真空表 2—抽气口 3—压力表 4—安全阀 5—加热蒸汽进阀

6—冷却水排出阀 7—疏水器 8—冷却水进阀

（2）连续式真空干燥。连续式真空干燥主要形式是真空条件下的带式干燥。带式真空干燥设备如图 4-17 所示，是由一连续的不锈钢带组成，钢带绕过呈多层式的加热滚筒和冷却滚筒，构成干燥器主体，置于密闭的真空室内。物料薄薄地平铺在带式加热板上随之运动。由于在真空条件下，物料在加热板上呈沸腾状发泡，故成品具有多孔性。全系统为密闭操作，卫生条件好，特别适合于热敏性和极易氧化的食品干燥，液态或浆状物料均可使用。食品工业中常用于干燥果汁、全脂乳、脱脂乳、炼乳、分离大豆蛋白、调味料、香料等。这种连续式真空干燥设备费用比同容量的间歇式真空干燥设备高得多。

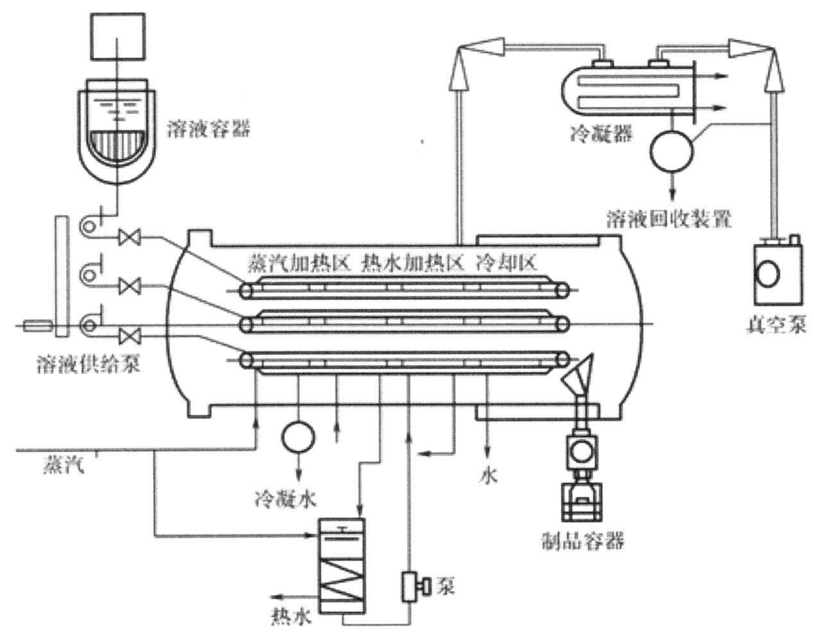

图 4-17 带式真空干燥设备流程图

（三）冷冻干燥

冷冻干燥又称升华干燥，它是将湿物料先冻结，使水分变为固态冰，然后在较高的真空度下，将冰直接转化为蒸汽除去的干燥方法。冷冻干燥保留了真空干燥在低温和缺氧状态下干燥的优点，避免物料干燥时受到热损害和氧化损害，可保留新鲜食品的色、香、味及维生素等营养成分，故适用于热敏性及易氧化食品的干燥；避免水分在液态下汽化使物料发生收缩和变形，干燥后产品可不失原有的固体框架结构，复原性好，复水后易于恢复原有的性质和形状。热量利用经济，可用常温或温度稍高的流体作为加热剂，但设备初期投资费用大、生产费用高，为常规干燥方法的 2 ~ 5 倍。由于干燥制品品质优良，冷冻干燥仍广泛用于食品工业，特别是含生物活性成分的食品干燥。

1. 冷冻干燥的基本原理

水有三种相态，即固态、液态和气态，三种相态之间既可以相互转换又可以共存。图 2-18 所示为水的相平衡图，图中 OA、OB、OC 三条曲线分别表示冰和水、水和水蒸气、冰和水蒸气两相共存时水蒸气压与温度之间的关系，分别称为融化曲线、汽化曲线和升华曲线。O 点称为三相点，所对应的温度为 0.01℃，水蒸气压力为 610.5Pa，在这样的温度和水蒸气压下，水、冰和水蒸气三者可共存且相互平衡。

当冰周围的蒸气压大于 610.5Pa 时，冰只能先融化为水，然后再由水转化为水蒸气，而当冰周围的蒸汽压低于 610.5Pa 时，冰可直接升华为水蒸气。所以升华干燥一是要保持冰不融化，二是冰周围的水蒸气压必须低于 610.5Pa。

2. 冷冻干燥过程

被干燥物料首先要进行预冻，然后在高真空状态下进行升华干燥。物料内水的温度必须保持在三相点以下。

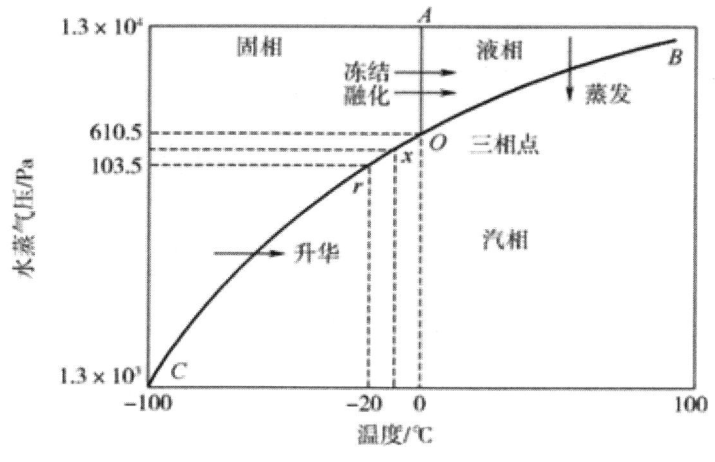

图 4-18 水的相平衡图

（1）冻结

冻结方法有自冻法和预冻法两种。自冻法是利用迅速抽真空的方法，使物料水分瞬间大量蒸发，吸收大量汽化潜热，从而促使物料温度迅速降低，直至达到冻结点时物料水分自行冻结的方法。不过自冻法常出现食品变形或发泡现象，因此不适合于外观和形态要求较高的食品，一般仅用于粉末状干制品的冷冻。

预冻法是常采用的冻结方法，是用速冻机或冷库急冻间预先将物料冻结后，再将物料运往冻干机内真空干燥。这种方法预冻的物料，在冻干后能保持原有的形态，产品质量好，但是干燥时间较长，成本较自冻法高。

冻结过程对食品的升华干燥效果会产生一定的影响。当冻结过程较快时，食品内部形成的冰晶较小，冰晶升华后留下的空隙也较小，这将影响内部水蒸气的外逸，从而降低升华干燥的速度。但是，由于食品组织所受损伤较轻，所以干制品的质量更好。如果冻结过程较慢，则情况与上述相反。不过，冻结过程对食品升华干燥效果究竟有何影响，目前尚存争议。一方面，在许多情形下，决定升华干燥速度的因素是传热速度而非水分扩散速度，另一方面，冻结速度对冻干制品的质量影响因食品种类而异。如鱼肉的升华干燥，冻结速度对制品质量的影响非常大，凉粉的升华干燥，冻结速度的影响就很小。

（2）干燥

食品冻结后即在干燥室内升华干燥，冰晶升华时要吸收潜热。因此，干燥室内有加热装置提供这部分热量，加热的方法有板式加热、红外线加热及微波加热等。

升华干燥是从物料表层的冰开始升华逐渐向内移动，冰晶升华后残留的空隙变成升华水蒸气的逸出通道。已干燥层和冻结部分的分界面称为升华界面。在果蔬的升华干燥过程中，升华界面一般以 1 ～ 3mm/h 的速度向内移动，直到物料中的冰晶全部升华。

在此干燥过程中，要注意三个主要条件：干燥室绝对压力、热量供给和物料温度。在真空室内的绝对压力要保持低于物料内冰晶体的饱和水蒸气压，保证物料内的水蒸气向外扩散，因此冻结物料温度的最低极限不能低于冰晶体的饱和水蒸气相平衡的温度。如真空室内绝对压力为 0.04kPa，物料内冰晶体的饱和水蒸气压和它平衡时相应的温度为—30℃，因此冻结物料的温度必然要高于—30℃。

当冰晶体全部升华后，第一干燥阶段完成。但此时仍有 5% 以上没有冻结而被物料牢牢吸附着的水分，必须用比升华干燥较高的温度和更低的绝对压力，才能促使这些水分转移，使产品的含水量降至能在室温下贮存的水平。这一干燥阶段一般占总干燥时间的 1/3。

六、干燥对食品品质的影响

食品在干燥过程中因加热和脱水作用的影响，而发生一系列的变化，这些变化主要是食品物料内部组织结构的物理变化以及食品物料组成成分的化学变化。这些变化直接关系到干燥制品的质量和对贮藏条件的要求。

（一）食品干燥过程发生的物理变化

食品干燥过程中常出现的物理变化有干缩、表面硬化、热塑性和多孔性等。

1. 干缩

食品干燥时，因水分被除去而导致体积缩小，组织细胞的弹性部分或全部丧失的现象称作干缩，干缩的程度与食品的种类、干燥方法及条件等因素有关。一般情况下，含水量多、组织脆嫩者干缩程度大，而含水量少、纤维质食品的干缩程度较轻。与常规干燥制品相比，冷冻干燥制品几乎不发生干缩。

干缩有两种情形，即均匀干缩和非均匀干缩。有充分弹性的细胞组织在均匀而缓慢地失水时，就产生了均匀干缩，否则就会发生非均匀干缩。干缩之后细胞组织的弹性都会或多或少地丧失掉，非均匀干缩还容易使干燥制品变得奇形怪状，影响其外观。

2. 表面硬化

表面硬化是指干制品外表干燥而内部仍然软湿的现象。造成表面硬化的原因主要有两个方面：一是食品干燥时，其内部的溶质随水分不断向表面迁移和积累而在表面形成结晶硬化现象，如干制初期某些水果表面有含糖的黏质渗出物。这些物质会将干制品正在收缩的微孔和裂缝封闭，在微孔封闭和溶质堵塞的双重作用下，食品出现表面硬化。此时若降低食品表面温度使物料缓慢干燥，或适当“回软”再干燥，通常能减少表面硬化。二是由于干燥初期，食品物料与加热空气气温差和湿度差过大致使食品表面温度急剧升高，水分蒸发过于强烈，内部水分向表面迁移的速度滞后于表面水分汽化速度，从而使表层形成一层干硬膜，造成物料表面硬化。后者与干燥条件有关，可通过降低干燥温度和提高相对湿度或减小风速来控制。

发生表面硬化之后，食品表层的透气性将变差，使干燥速度急剧下降，延长了干燥时间。另外，在表面水分蒸发后，温度也会大大升高，这将严重影响食品的外观质量。在某些食品中，尤其是某些含有高糖分和可溶性物质的食品，在干燥中最易出现表面硬化。

3. 热塑性的出现

不少食品具有热塑性，即温度升高时会软化甚至有流动性，而冷却时变硬，具有玻璃体的性质。糖分及果肉成分高的果蔬汁就属于这类食品。例如橙汁或糖浆在平锅或输送带上干燥时，水分虽已全部蒸发掉，残留固体物质却仍像保持水分那样呈热塑性黏质状态，黏结在带上难以取下，而冷却时它会硬化成结晶体或无定形玻璃状而脆化，此时就便于取下。为此，大多数输送带式干燥设备内常设有冷却区。

4. 物料内多孔性的形成

物料内部多孔的产生，是由于物料中的水分在干燥过程中被去除，原来被水分所占据的空间由空气填充而成为空穴，使干燥食品组织内部形成一定的空隙而具有多孔性。干燥食品孔隙的大小及均匀程度对其口感、复水性等有重要影响。

固体物料在减压干燥时，水分外逸迅速，内部能形成均匀的水分外逸通道和孔穴，具有较好的多孔状态；而常压干燥，由于水分的去除完全依赖于加热蒸发，易造成物料受热不均匀，形成表面硬化和不均匀的蒸发通道，使物料出现大量裂缝和孔洞，所以常压干燥对工艺条件及过程的要求非常严格。液体和浆状物料的干燥多利用搅拌产生泡沫以及使物料微粒化来控制其多孔的形成，泡沫的均匀程度、体积的膨胀程度以及微粒的大小决定了物料多孔性的优劣。

干燥前经预处理促使物料形成多孔性结构，有利于水分的扩散，提高物料的干燥率。不论采取何种干燥技术，多孔性食品能迅速复水和溶解，提高其食用的方便性，如方便面中的蔬菜包以及快餐食品等就有很好的复水性。多孔食品存在的问题是容易被氧化，储藏性能较差。

5. 溶质迁移现象

食品在干燥过程中，其内部除了水分会向表层迁移外，溶解在水中的溶质也会迁移。溶质的迁移有两种趋势：一种是由于食品干燥时表层收缩使内层受到压缩，导致组织中的溶液穿过孔穴、裂缝和毛细管向外流动；另一种是在表层与内层溶液浓度差的作用下出现的溶质由表层向内层迁移。上述两种方向相反的溶质迁移的结果是不同的，前者使食品内部的溶质分布不均匀，后者则使溶质分布均匀化。干制品内部溶质的分布是否均匀，最终取决于干燥的工艺条件，如干燥速度。

（二）食品干燥过程发生的化学变化

与新鲜食品相比，所有的食品在干燥过程中都会发生品质下降的变化，因此干燥工艺旨在最大限度地减少这些变化，并使加工效率最大化。食品干燥后最主要的变化是原有的香气和风味丧失严重，此外，食品的色泽和营养价值变化也很大。

1. 干燥对香气和风味的影响

食品在脱水干燥时不仅失去水分，也使食品中的挥发性成分受到损失，因此大部分干燥食品的味道不如新鲜原料的味道。挥发性物质受损失的程度取决于温度、食品的含水量、挥发性物质的含量及它们在水蒸气中的溶解度。如牛乳失去极微量的低级脂肪酸，特别是硫化甲基，虽然它的含量仅亿分之一，但其制品却已失去鲜乳风味。即使低温干燥也会导致化学变化，而出现食品变味的问题。

要完全防止干燥过程中风味物质损失是比较难的。解决的有效办法是从干燥设备中回收或冷凝外逸的蒸汽，再加回到干燥食品中；或干燥前在某些液态食品中添加树胶和其他包埋物质将风味物微胶囊化以防止或减少风味损失；或添加酶类或活化天然存在的酶，促使食品中的风味前体物质形成风味物质。

2. 干燥对色泽的影响

新鲜食品的色泽一般都比较鲜艳，干燥会改变食品反射、散射、吸收、传递可见光的能力，而使食品色泽发生变化。此外，食品中所含有的色素物质如类胡萝卜素、花青素、肌红素、叶绿素等也会在高温条件下发生变化，如变黄、变褐、变黑等，其中最常见的变色是褐变。干燥过程温度越高，处理时间越长，色素变化越显著。

促使干制品褐变的原因包括酶促褐变和非酶褐变。酶促褐变可通过钝化酶活性和减少氧气供给来防止，如氧化酶在 71 ～ 73.5℃、过氧化酶在 90 ～ 100℃的温度下即可被破坏，所以对原料进行热烫处理、硫处理或盐水浸泡处理等可以抑制酶促褐变。而焦糖化反应和美拉德反应是食品干制过程中常见的非酶褐变。前者反应中糖分首先分解成各种羰基中间物，而后再聚合反应生成褐色聚合物；后者为氨基酸和还原糖的相互反应，常出现于水果脱水干燥过程中。脱水干燥时高温和残余水分中的反应物质浓度对美拉德反应有促进作用。美拉德褐变反应在水分下降到 20% ~ 25% 时最迅速，水分继续下降则它的反应速率逐渐减慢，当干燥品水分低于 1% 时，褐变反应可减慢到甚至于长期贮存也难以察觉的程度；水分在 30% 以上时褐变反应也随水分增加而减缓，低温贮藏也有利于减缓褐变反应速率。

另外，金属也能引起褐变。金属促进褐变作用由大到小的顺序依次为：铜、铅、铁、锡。单宁与铁作用产生黑色化合物，单宁与锡长时间加热生成玫瑰色化合物，单宁与碱作用易于变黑等。

3. 干燥对营养价值的影响

高温干燥引起蛋白质变性，使干制品复水性差，颜色变深。蛋白质在热的作用下，维持蛋白质空间结构稳定的氢键、二硫键等被破坏，改变了蛋白质分子的空间结构而导致变性。此外，由于脱水作用使组织中溶液的盐浓度增大，蛋白质因盐析作用而变性。氨基酸在干燥过程中会与脂肪自动氧化或参与美拉德反应而发生损失。

虽然干燥食品的水分活度较低，脂酶及脂氧化酶的活性受到抑制，但是由于缺乏水分的保护作用，因而极易发生脂质的自动氧化，干燥温度升高，脂肪氧化严重，导致干燥食品变质。脂质氧化不仅会影响干燥食品的色泽、风味，而且还会促进蛋白质的变性，使干燥食品的营养价值和食用价值降低甚至完全丧失，因此应采取适当措施予以防止。这些措施包括降低贮藏温度、采用适当的相对湿度、真空包装、使用脂溶性抗氧化剂等。

按照常规食品干燥条件，蛋白质、脂肪和碳水化合物的营养价值下降并不是干燥的主要问题，各种维生素的破坏和损失才是非常严重的问题，直接关系到干燥食品的营养价值。高温条件下，食品中的维生素均有不同程度的破坏。维生素 C 和维生素 B1 对热十分敏感；未经酶钝化处理的蔬菜，在干燥时胡萝卜素的损耗量高达 80%，如果干燥方法选择适当，可下降至 5%。

（三）食品干燥过程中组织特性的变化

经干燥的食品在复水后，其口感、多汁性及凝胶形成能力等组织特性均与新鲜食品存在差异。这是由于食品中蛋白质因干燥变性及肌肉组织纤维的排列因脱水而发生变化，降低了蛋白质的持水力，增加了组织纤维的韧性，导致干燥食品复水性变差，复水后的口感较为老韧，缺乏汁液。

食品干燥过程中组织特性的变化主要取决于干燥方法。以不同干燥方法干燥的鳕鱼肉的组织切片为例，常压空气干燥的鳕鱼肉复水后组织呈黏着而紧密的结构，仅有较少的纤维空隙，且分布不均匀，其组织特性与鲜鱼肉的组织特性相差甚大，在复水时速度极慢且程度较小，故口感干硬如嚼橡胶，凝胶形成能力基本丧失。真空干燥法干燥的鱼肉复水后，纤维的聚集程度较常压干燥的鱼肉低，且纤维间的空隙较大，因此，其组织特性要优于前者。而采用真空冻干法干燥的鳕鱼肉在复水后，基本保持了冻结时所形成的组织结构，因此，冻干鳕鱼肉的复水速度快且程度高，口感较为柔软多汁，且有一定的凝胶形成能力。

七、干燥食品的包装与贮藏

（一）包装前干制品的处理

干制后的产品一般不马上进行包装，根据产品的特性与要求，往往需要经过一些处理才能进行包装。

1. 分级除杂

为了使产品合乎规定标准，贯彻优质优价原则，对干制后的产品要进行分级除杂。干制品常用振动筛等分级设备进行筛分分级，剔除块片和颗粒大小不合标准的产品，以提高产品质量档次，尤其是速溶产品，对颗粒大小有严格的要求。对无法筛分分级的产品还需进行人工挑选，剔除杂质和变色、残缺或不良成品，并经磁铁吸除金属杂质。

2. 均湿处理

无论是自然干燥还是人工干燥方法制得的干制品，其各自所含的水分并不是均匀一致的，而且在其内部也不是均匀分布，常需进行均湿处理。目的是使干制品内部水分均匀一致，使干制品变软，便于后续工序的处理，也称回软。回软是将干制品堆积在密闭室内或容器内进行短暂贮藏，以便使水分在干制品间扩散和重新分布，最后达到均匀一致的要求。一般水果干制品常需均湿处理，脱水蔬菜一般不需这种处理。

3. 防虫

干制品，尤其是果蔬干制品，常有虫卵混杂其间，特别是采用自然干制的产品。虫害可从原材料携入或在干燥过程中混入。一般来说，包装干制品用容器密封后，处在低水分干制品中的虫卵难以生长。但是包装破损、泄漏后，它的孔眼若有针眼大小，昆虫就能自由地出入，并在适宜条件下（如干制品回潮和温湿度适宜时）成长，侵袭干制品，有时还造成大量损失。为此，防止干制品遭受虫害是不容忽视的重要问题。果蔬干制品和包装材料在包装前都应经过灭虫处理。

烟熏是控制干制品中昆虫和虫卵常用的方法。常用的烟熏剂有甲基溴，一般用量为 16 ~ 24g/m^3，视烟熏温度而定。在较高温度使用时其效用较大，可降低用量，一般需密闭烟熏 24h 以上。甲基溴对昆虫极毒，因而对人类也有毒，因此要严格控制无机溴在干制品中的残留量。二氧化硫也常用于果干的熏蒸，也需控制其残留量。氧化乙烯和氧化丙烯，即环氧化合物也是目前常用的烟熏剂，这些烟熏剂被禁止使用于高水分食品，因为在高水分条件下可能会产生有毒物质。

低温杀虫（-10℃以下）能有效推迟虫害的出现，在不损害制品品质原则下也可采用高温热处理数分钟，以控制那些隐藏在干制品中的昆虫和虫卵。根菜和果干等制品可在 75 ～ 80℃温度中热处理 10 ～ 15min 后立即包装，以杀死残留的昆虫和虫卵。

4. 压块

食品干制后质量减少较多，而体积缩小程度小，造成干制品体积膨松，不利于包装运输，因此在包装前，需经压缩处理，称之为压块。干制品若在产品不受损伤的情况下压缩成块，大大缩小了体积，有效地节省包装材料、装运和储藏容积及搬运费用。另外产品紧密后还可降低包装袋内氧气含量，有利于防止氧化变质。

压块后干制品的最低密度为 880 ～ 960kg/m^3。干制品复水后应能恢复原来的形状和大小，其中复水后能通过四目筛眼的碎屑应低于 5%，否则复水后就会形成糊状，而且色、香、味也不能和未压缩的复水干制品一样。

蔬菜干制品一般可在水压机中用块模压块；蛋粉可用螺旋压榨机装填；流动性好的汤粉可用轧片机轧片。压块时应注意破碎和碎屑的形成，压块大小、形状、密度和内聚力、制品耐藏性、复水性和食用品质等问题。蔬菜干制品水分低，质脆易碎，压块前需经回软处理（如用蒸汽加热 20 ～ 30s），以便压块并减少破碎率。

5. 速化复水处理

许多干制品一般都要经复水后才能食用，干制品复水后恢复原来新鲜状态的程度是衡量干制品品质的重要指标。为了加快低水分产品复水的速度，可采用速化复水处理，如压片法、辊压法、刺孔法等。

压片法是将水分低于 5% 的颗粒状果干经过相距为 0.025mm 的转辊（300r/min）轧制。如果需要较厚的制品，仅需增大轧辊间的间距。薄片只受到挤压，它们的细胞结构未遭破坏，故复水后能迅速恢复原来大小和形状。

另一种方法是将干制到水分为 12% ～ 30% 的果块经速度不同和转向相反的转辊轧制后，再将部分细胞结构遭受破碎的半成品进一步干制到水分为 2% ～ 10%。块片中部分未破坏的细胞复水后迅速复原，而部分已被破坏的细胞则有变成软糊的趋势。

刺孔法是将水分为 16% ～ 30% 的半干苹果片先行刺孔再干制到最后水分为 5%，这不仅可加快复水的速度，还可加快干制的速度。复水速度以刺孔压片的制品最为迅速。

（二）干制品的包装

干制食品的处理和包装需在低温、干燥、清洁和通风良好的环境中进行，最好能进行空气调节并将相对湿度维持在30%以下；和工厂其他部门相距应尽可能远些，门、窗应装有窗纱，以防止室外灰尘和害虫侵入。

干制品的水分含量只有在与环境空气相对湿度平衡时才能稳定，干制品吸湿是引起变质的主要因素。为了维持干制品的干燥品质，需用隔绝材料或容器将其包装以防止外界空气、灰尘、虫、鼠和微生物的污染，也可阻隔光线的透过，减轻食品的变质。经过包装不仅可以延长干制品的保质期，还有利于贮存、销售，提高商品价值。

常用的包装材料和容器有金属罐、木箱、纸箱、聚乙烯袋、复合薄膜袋等。一般内包装多用有防潮作用的材料：聚乙烯、聚丙烯、复合薄膜、防潮纸等；外包装多用起支撑保护及遮光作用的金属罐、木箱、纸箱等。

有些干制品如豆类对包装的要求并不很高，在空气干燥的地区更是如此，故可用一般的包装材料，但必须能防止生虫。有些干制品的包装，特别是冷冻干制品，常需充满惰性气体以改善它的耐藏性，充满惰性气体后包装内的含氧量一般为1% ~ 2%。

粉末状、颗粒状和压缩的干制品常用真空包装，不过工业生产中的抽空实际上难以使罐内真空度达到足以延长储存期的要求。

许多干制品，特别是粉末状干制品包装时还常附装干燥剂、吸氧剂等。干燥剂一般包装在透湿的纸质包装容器内以免污染干制品，同时能吸收密封容器内的水蒸气，逐渐降低干制品中的水分。

为了确保干制水果粉，特别是含糖量高的无花果、枣和苹果粉的流动性，磨粉时常加入抗结块剂和低水分制品拌和在一起。干制品中最常用的抗结块剂为硬脂酸钙，用量为果粉量的0.25% ~ 0.50%。

（三）干制品的贮藏

合理包装的干制品受环境因素的影响较小，未经特殊包装或密封包装的干制品在不良环境因素的条件下容易变质，良好的贮藏环境是保证干制品耐藏性的重要因素。影响干制品储藏效果的因素很多，如原料的选择与处理、干制品的含水量、包装、贮藏条件及贮藏技术等。

选择新鲜完好、充分成熟的原料，经清洗干净，能提高干制品的保藏效果。经过漂烫处理的比未经漂烫的能更好地保持其色、香、味，并可减轻在贮藏中的吸湿性。经过熏硫处理的制品也比未经熏硫的易于保色和避免微生物或害虫的侵染危害。

干制品的含水量对保藏效果影响很大。一般在不损害干制品质量的条件下，含水量越低，保藏效果越好。蔬菜干制品因多数为复水后食用，因此除个别产品外，多数产品应尽量降低其含水量。当含水量低于 6% 时，则可以大大减轻贮藏期的变色和维生素损失。反之，当含水量大于 8% 时，则大多数脱水蔬菜的保存期将因之而缩短。干制品的水分还将随它所接触的空气温度和相对湿度的变化而异，其中相对湿度为主要决定因素。干制品水分低于周围空气的温度及相对湿度相应的平衡水分时，它的水分将会增加。干制品水分超过 10% 时就会促使昆虫卵发育成长，侵害干制品。

贮藏温度为 12.8℃和相对湿度为 80% ~ 85% 时，果干极易长霉；相对湿度为 50% ~ 60% 时就不易长霉。水分含量升高时，硫处理干制品中的 SO_2 含量就会降低，酶就会活化，如 SO_2 的含量降低到 400 ~ 500mg/kg 时，抗坏血酸含量就会迅速下降。

高温贮藏会加速高水分乳粉中蛋白质和乳糖间的反应，以致产品的颜色、香味和溶解度发生不良变化。温度每增加 10℃，蔬菜干制品的褐变速度加速 3 ~ 7 倍。贮藏温度为 0℃时，褐变就受到抑制，而且在该温度时所能保持的 SO_2、抗坏血酸和胡萝卜素含量也比 4 ~ 5℃时多。

光线也会促使果干变色并失去香味。有人曾发现，在透光贮藏过程中和空气接触的乳粉就会因脂肪氧化而风味加速恶化，而且它的食用价值下降的程度与物料从光线中所得的总能量有一定的关系。

干制品在包装前的回软处理、防虫处理、压块处理以及采用良好的包装材料和方法都可以大大提高干制品的保藏效果。

上述各种情况充分表明，干制品必须贮藏在光线较暗、干燥和低温的地方。贮藏温度越低，能保持干制品品质的保存期也越长，以 0 ~ 2℃为最好，但不宜超过 10 ~ 14℃。空气越干燥越好，它的相对湿度最好应在 65% 以下。干制品如用不透光包装材料包装时，光线不再成为重要因素，因而就没有必要贮存在较暗的地方。贮藏干制品的库房要求干燥、通风良好、清洁卫生。此外，干制品贮藏时防止虫鼠，也是保证干制品品质的重要措施。堆码时，应注意留有空隙和走道，以利于通风和管理操作。要根据干制品的特性，经常注意维持库内一定的温度、湿度，检查产品质量。

第二节　中间水分食品

近年来，关于对水分含量对食品品质的影响这一问题的不断探索，引导了人们对传统食品保藏技术的思考，激发了人们对于通过降低水分活度来延长食品货架保存期这一方法的研究热情，进而利用这种生产方法产生了一种新颖的食品——中间水分食品。

中间水分食品的含水量高于干燥食品的含水量，并且食用时无须复水。而与其较高的含水量的影响不同的是，中间水分食品可以在不需冷藏的情况下保持较长的货架稳定期。同样，罐装前的热杀菌也不是必要的，但有些产品需要进行巴氏杀菌。

一、中间水分食品

中间水分食品，是指含水量在20% ~ 40%，AW在0.60 ~ 0.85，不需要冷藏的食品，也称为半干食品、中湿食品、半干半湿食品等，如半干的桃、杏、果汁糕点、果子酱、果冻、蛋糕等食品。

这种食品水分低于天然水果、蔬菜或肉类的含水量，但高于传统脱水食品的残留水分，如蜂蜜、果酱、果冻和某些果料蛋糕，以及部分干制品（枣干、无花果、李干、杏干、风干肉条、干肉饼、意大利式香肠等）。所以，这些食品的保藏能力部分来自于溶质的高浓度有关的高渗透压，而在某些食品中，其盐、酸和其他特有的溶质有助于提高保藏效果，即由于这些食品的水分中已溶入足够量的溶质，使 AW 降低到低于微生物生长繁殖所需的最低 AW，所以不会滋生微生物。

二、中间水分食品的技术原理

中间水分食品的技术原理就是水分活度（AW）与食品性质及其稳定性的关系。AW 对于微生物繁殖的影响是中间水分食品的最重要的问题。如前所述，大多数细菌在 AW0.9 以下就不会繁殖，当然要视具体的细菌而定。有些耐盐细菌 AW 在低至 0.75 下仍能繁殖，而某些嗜渗透压酵母菌甚至更低，但是这些微生物往往不是食品败坏的重要起因。霉菌较大多数更耐干燥，常在 AW 约为 0.80 的食品上繁殖良好，然而，甚至在低于 0.70 的 AW 下，有些食品在室温下存放几个月，仍可能出现缓慢繁殖现象。在 AW 值低于 0.65 时，霉菌繁殖完全被抑制，但是如此低的水分活度通常不适用于中湿食品的生产。这种 AW 在许多食品中相当于低于 20% 的总含水量，此类食品会失去咀嚼性，且近乎一种十足干燥的产品。就大多数食品来说，半湿性组织的 AW 值必须在 0.70 ~ 0.85。这样的 AW 水平低得足够抑制普通食品的细菌繁殖。当这样低的 AW 还不足以长期抑制霉菌繁殖时，一种抗霉剂如山梨酸钾被添加进食品配方内来提高防腐作用。

通常在文献资料内所引用的抑制微生物的 AW 值计算至小数点 2 或 3 位，然而这不应给人一种印象，即所列举作为某一特定微生物繁殖的 AW 最小值是一个绝对值。它多少会受以下因素的影响，例如食品的 pH、温度、微生物所需的营养状况以及水相中特定溶质的性质。虽然这些影响常常较小，但应谨慎地通过进行适当的细菌培养皿计数来确定新的中间水分食品配方。从公共卫生观点来说，细菌学试验也是必须做的。

三、中间水分食品的特征和加工技术

（一）中间水分食品的特征

对于微生物，尤其是对细菌的繁殖有干燥食品那样的抵抗力，在理想的状态下，能完全阻止由微生物导致的品质下降；具有良好的适口性而不需要补加水；采用普通食品常用的热处理和冷冻保藏方法有可能长期保存；营养成分易调整，食品包装材料经济等。

（二）中间水分食品常用的加工方法

添加丙二醇、山梨酸钾等防腐剂防止微生物增殖；添加多元醇、砂糖、食盐等湿润剂降低食品的 AW；采用物理或化学方法改善食品的质地与风味；采用能阻水的包装来防止因吸潮或水分散失而引起的食品质量变化。

四、中间水分食品的生产工艺

有许多不同的工艺可以用来生产中间水分食品，可以把它们分为 4 类。

（一）部分干燥

如果原料天然就含有丰富的保湿剂的话，通常采用部分干燥的工艺，如：干燥水果（葡萄干、杏、苹果和无花果）和槭树糖浆。这类产品的水分活度是 0.6 ~ 0.8。

（二）渗透法干燥

将固体的原料完全浸润于低水分活度的保湿剂中。由于渗透压的差异，水分从食品中被挤压至溶液中。同时，保湿剂在食品中扩散开来，这一过程通常远慢于水分挤出的速度。盐和糖常常被采用。这是传统工艺中糖渍水果的做法。同样，新的肉类和蔬菜类的中间水分产品也可以通过采用盐、糖、甘油和其他保湿剂浸渍的方法来制成。

（三）干燥浸渍

干燥浸渍是将经过脱水的固体原料在含有保湿剂的具有目标水分活度的溶液中浸泡。虽然这一工艺比其他方法更加耗能，但该工艺可以生产出更优品质的产品。该工艺被广泛应用于美国陆军和美国国家航空航天局（NASA）采用的中间水分食品的生产中。

（四）混合法

将各种食物成分，包括湿润剂混合挤压在一起，通过挤压、加热、烘烤来达到某一要求的水分活度。这种工艺耗时耗能少，同时对于不同的客户要求有很高的适应性。

它可以应用于传统的中间水分食品如胶产品、果酱、甜点，也同样适用于新型食品如各种零食、宠物食品等。美国陆军纳提客（Natick）实验室和美国空军对采用该种技术生产的中间水分食品进行了多次实验，以测试其作为一种战地紧急食品（该种产品的准备时间通常非常有限）的使用前景。

在这些实验中，渗透法干燥（moist infusion）产品可以更简单和经济地生产，但其与混合技术一样存在着风味上的不足。干燥浸渍（dry infusion）技术虽然需要耗能大的低温冻结干燥过程以获得令人满意的口感，但其产品的品质也很优秀。大量的专利技术在这些研究中产生。在与美国空军的合作中，斯维福特公司（Swift &Company）生产出了很多微型的采用干燥灌输工艺的中间水分食品。这些产品在冻结干燥后进行灌输，最适宜的灌输工艺得益于添加成分的添加次序和方法：5% ~ 10% 的甘油，5% 的凝胶，大约 3% 的山梨（糖）醇以及 7% ~ 12% 的脂肪含量，可以达到最好的物质黏合效果。

总之，中间水分食品的加工是采用物理的、化学的方法将食品中的自由水含量降低，即具有较低的 AW，以此来抑制微生物的生长繁殖和食品中的其他不良变化，并保持良好的口感和风味。这种食品即使不经过冷藏或加热处理，也是稳定安全的，且不必复水亦可食用，故中间水分食品在无冷藏和无冷冻条件下也能保存，从而节省了成本。

第三节　食品浓缩

浓缩是从溶液中除去部分溶剂（通常是水）的操作过程，也是溶质和溶剂均匀混合液的部分分离过程。按浓缩的原理，可分为平衡浓缩和非平衡浓缩两种方法。平衡浓缩是利用两相在分配上的某种差异而获得溶质浓缩液和溶剂的浓缩（分离）方法，如蒸发浓缩和冷冻浓缩。蒸发浓缩是利用溶液中的水受热汽化而达到浓缩（分离）的目的。冷冻浓缩是利用部分水分因放热而结冰，稀溶液与固态冰在凝固点以下的平衡关系，采用机械方法将浓缩液与冰晶分离的过程。非平衡浓缩是利用半透膜的选择透过性来达到分离溶质与溶剂（水）的过程。半透膜不仅可用于分离溶质和溶剂，也可用于分离各种不同分子大小的溶质，在膜分离技术领域中有广阔的应用。

一、浓缩的目的

浓缩在食品工业中的应用主要有以下目的。

除去食品中的大量水分，减少包装、贮藏和运输费用。浓缩的食品物料，有的直接是原液，如牛奶；有的是榨出汁或浸出液，如水果汁、蔬菜汁、甘蔗汁、咖啡浸提液、茶浸提液等。这些物料水分含量高，譬如 100t 固形物质量分数 5% 的番茄榨出汁浓缩至 28% 的番茄酱，质量将减至 18t，不足原质量的 1/5，体积缩小大致与此相同，这样就可大大降低包装、贮藏和运输费用。

提高制品浓度，增加制品的贮藏性。用浓缩方法提高制品的糖分或盐分可降低制品的水分活度，使制品达到微生物学上安全的程度，延长制品的有效贮藏期，如将含盐的肉类萃取液浓缩到不致产生细菌性的腐败。

浓缩经常用作干燥或更完全脱水的预处理过程。这种处理特别适用于原液含水量高的情况，用浓缩法排除这部分水分比用干燥法在能量上和时间上更节约，如制造奶粉时，牛奶先经预浓缩至固形物含量达 45% ~ 52% 以后再进行干燥。蒸发浓缩用作某些结晶操作的预处理过程。

二、蒸发浓缩

蒸发是浓缩溶液的单元操作，是食品工业中应用最广泛的浓缩方法。食品工业浓缩的物料大多数为水溶液，在以后的讨论中，如不另加说明，蒸发就指水溶液的蒸发。蒸发浓缩就是将溶液加热至沸腾，使其中的一部分溶剂汽化并被排除，以提高溶液中溶质浓度的操作。由于固体溶质通常是不挥发的，所以蒸发也是不挥发性溶质和挥发性溶剂的分离过程。如图 4-19 所示为真空蒸发的基本流程。

（一）常压蒸发和真空蒸发

蒸发操作可以在常压、加压和减压条件下进行。常压蒸发是指冷凝器和蒸发器溶液侧的操作压力为大气压或稍高于大气压力，此时系统中的不凝性气体依靠本身的压力从冷凝器中排出。

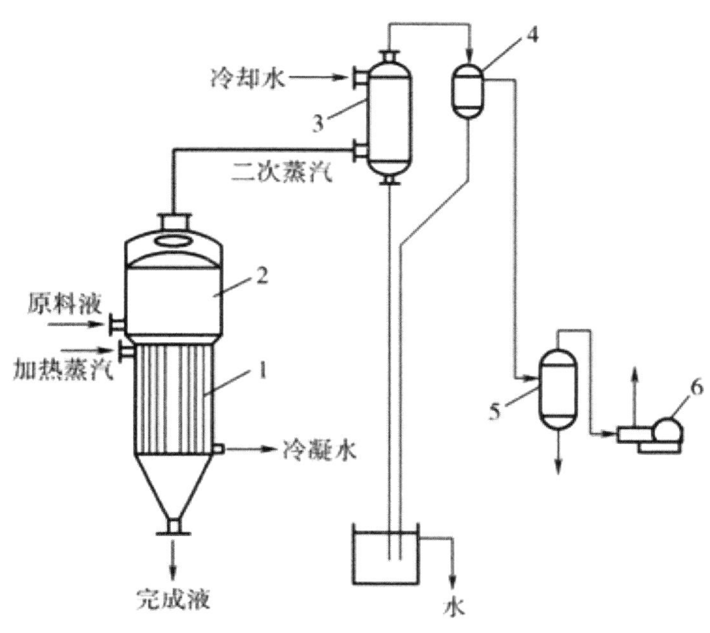

图 4-19 真空蒸发基本流程

1—加热室 2—分离室 3—混合冷凝器 4—分离器 5—缓冲罐 6—真空泵

减压下的蒸发常称为真空蒸发，食品工业广泛应用真空蒸发进行浓缩操作。因真空蒸发时冷凝器和蒸发器料液侧的操作压力低于大气压，必须依靠真空泵不断从系统中抽走不凝气来维持负压的工作环境。采用真空蒸发的基本目的是降低料液的沸点。与常压蒸发比较，它有以下优点：溶液沸点降低，可增大蒸发器的传热温差，所需的换热面积减小；溶液沸点低，可以应用温度较低的低压蒸汽和废热蒸汽作热源，有利于降低生产费用和投资；蒸发温度低，对浓缩热敏性食品物料有利；蒸发器操作温度低，系统的热损失小。当然，真空蒸发也有缺点：因蒸发温度低，料液黏度大，传热系数较小；因系统内负压，完成液排出需用泵，冷凝水也需用泵或高位产生压力排出，真空泵和输液泵都使能耗增加。

真空蒸发的操作压力取决于冷凝器中水的冷凝温度和真空泵的性能。冷凝器操作压力的极限是冷凝水的饱和蒸汽压，所以它取决于冷凝器的温度。真空泵的作用是抽走系统中的不凝性气体，真空泵的能力越大，就使得冷凝器内的操作压力越易维持于接近冷凝水的饱和蒸汽压。一般真空蒸发时，冷凝器的压力为 10 ～ 20kPa。

（二）闪蒸

闪急蒸发（flash evaporation）简称闪蒸，是一种特殊的减压蒸发。将热溶液的压力降到低于溶液温度下的饱和压力，则部分水将在压力降低的瞬间沸腾汽化，就是闪蒸。水在闪蒸汽化时带走的热量，等于溶液从原压下温度降到降压后饱和温度所放出的显热。

在闪蒸过程中，溶液被浓缩。闪蒸的具体实施方法有两种：一种是直接把溶液分散喷入低压大空间，使闪蒸瞬间完成；另一种是从一个与降压压差相当的液柱底部引入较高压热溶液，使降压汽化在溶液上升中逐步实现。这种措施都为了减少闪蒸后汽流的雾沫夹带。

闪蒸的最大优点是避免在换热面上生成垢层。闪蒸前料液加热但并没浓缩，因而生垢问题不突出。而在闪蒸中不需加热，是溶液自身放出显热提供蒸发能量，因而不会产生壁面生垢问题。

（三）单效蒸发和多效蒸发

蒸发操作的效数（effect）是指蒸汽被利用的次数。如果蒸发生成的二次蒸汽不再被用作加热介质，而是直接送到冷凝器中冷凝，称为单效蒸发。

如果第一个蒸发器产生的二次蒸汽引入第二个蒸发器作为加热蒸汽，两个蒸发器串联工作，第二个蒸发器产生的二次蒸汽送到冷凝器排出，则称为双效蒸发，双效蒸发是多效蒸发中最简单的一种。

多效蒸发是将多个蒸发器串联起来的系统，后效的操作压力和沸点均较前效低，仅在压力最高的首效使用新鲜蒸汽作加热蒸汽，产生的二次蒸汽作为后效的加热蒸汽，亦即后效的加热室成为前效二次蒸汽的冷凝器，只有末效二次蒸汽才用冷却介质冷凝。可见多效蒸发明显减少加热蒸汽耗量，也明显减少冷却水耗量。

（四）热泵蒸发

为提高热能利用率，除采用多效蒸发外，还可通过一种通称热泵的装置，提高二次蒸汽的压力和温度，重新用作蒸发的加热蒸汽，称为热泵蒸发，或称为蒸汽再压缩蒸发。

热泵是以消耗一部分高质能（机械能、电能）或高温位热能为代价，通过热力循环，将热由低温物体转移到高温物体的能量利用装置。常用的热泵有蒸汽喷射热泵和机械压缩式热泵。

蒸汽喷射热泵使用的蒸汽喷射器类似于蒸汽喷射真空泵，只是在喷嘴附近低压吸入的是蒸发产生的二次蒸汽，与高温高压的驱动蒸汽混合后，在扩压管处达到蒸发所需加热蒸汽的压力和温度用作蒸发的加热介质。机械压缩式热泵利用电动机或汽轮机等驱动往复式或离心式等压缩机，将二次蒸汽压缩，提高其压力和温度，以重新用作蒸发的加热蒸汽。

（五）间歇蒸发和连续蒸发

蒸发操作可分为间歇操作和连续操作两种。

间歇蒸发有两种操作方法：

1. 一次进料，一次出料

在操作开始时，将料液加入蒸发器，当液面达到一定高度时，停止加料，开始加热蒸发。随着溶液中的水分蒸发，溶液的浓度逐渐增大，相应地溶液的沸点不断升高。当溶液浓度达到规定的要求时，停止蒸发，将完成液放出，然后开始另一次操作。

2. 连续进料，一次出料

当蒸发器液面加到一定高度时，开始加热蒸发，随着溶液中水分蒸发，不断加入料液，使蒸发器中液面保持不变，但溶液浓度随着溶液中水分的蒸发而不断增大。当溶液浓度达到规定值时，将完成液放出。

由上可知，间歇操作时，蒸发器内溶液浓度和沸点随时间而变，因此传热的温度差、传热系数也随时间而变，故间歇蒸发为非稳态操作。

连续蒸发时，料液连续加入蒸发器，完成液连续地从蒸发器放出，蒸发器内始终保持一定的液面和压强，器内各处的浓度与温度不随时间而变，所以连续蒸发为稳态操作。通常大规模生产中多采用连续操作。

三、蒸发设备

蒸发单元操作的主要设备是蒸发器，还需要冷凝器、真空泵、疏水器和捕沫器等辅助设备。蒸发器是浓缩设备的工作部件，主要是由加热室（器）和分离室（器）两部分组成。加热室的作用是利用水蒸气加热物料，使其中的水分汽化。

加热室的形式随着技术的发展而不断改进。最初采用的是夹层式和蛇（盘）管式，其后有各种管式、板式等换热器形式。为了强化传热，采用强制循环替代自然循环，也有采用带叶片的刮板薄膜蒸发器和离心薄膜蒸发器等。

蒸发器分离室的作用是将二次蒸汽中夹带的料液分离出来。为了使雾沫中的液体回落到料液中，分离室须具有足够大的直径和高度以降低蒸汽流速，并有充分的机会使其返回液体中。早期的分离室位于加热室之上，并与加热器合为一体。由于出现了外加热型加热室（加热器），分离室也能独立成为分离器。

（一）循环型蒸发器

循环型蒸发器的特点是溶液在蒸发器中循环流动，以提高传热效率。根据引起溶液循环运动的原因不同可分为自然循环和强制循环。自然循环是由于液体受热程度不同产生密度差引起的，强制循环是由外加机械力迫使液体沿一定方向流动。

1. 中央循环管式蒸发器

该蒸发器主要由下部加热室和上部蒸发室两部分构成，如图 4-20 所示。食品料液经过加热管面进行加热，由于传热产生密度差，形成了对流循环，液面上的水蒸气向上部负压空间迅速蒸发，从而达到浓缩的目的。有时，也可以通过搅拌来促进流体流动。二次蒸汽夹带的部分料液在分离室分离，而剩余少量料液被蒸发室顶部捕集器截获。

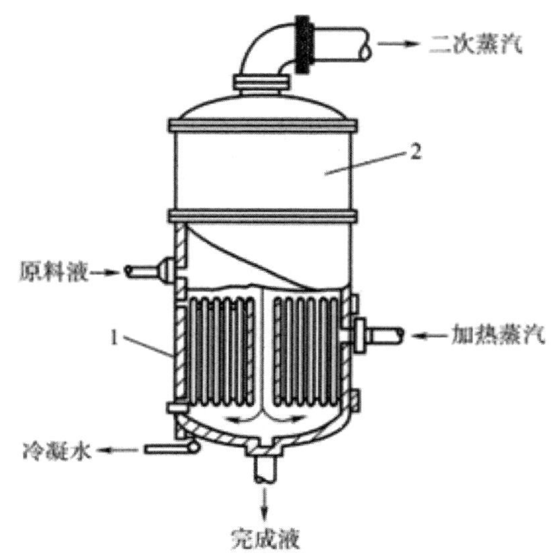

图 4-20 中央循环管式蒸发器

1—加热室 2—分离室（蒸发器）

中央循环管式蒸发器结构简单，操作方便，但清洗困难，料液在蒸发器中停留时间长，黏度高时循环效果差。这种蒸发器在食品工业中应用已不再普遍。但是，在制糖工业中还用到它，主要是用在从原料中结晶精制糖。

2. 外循环管式蒸发器

外循环管式蒸发器的加热室在蒸发器的外面，因此便于检修和清洗，并可调节循环速度，改善分离器中的雾沫现象。循环管内的物料是不直接受热的，故可适用于果汁、牛奶等热敏性物料的浓缩。如图 4-21、图 4-22 所示为自然循环与强制循环的外循环管式蒸发器的示意图。

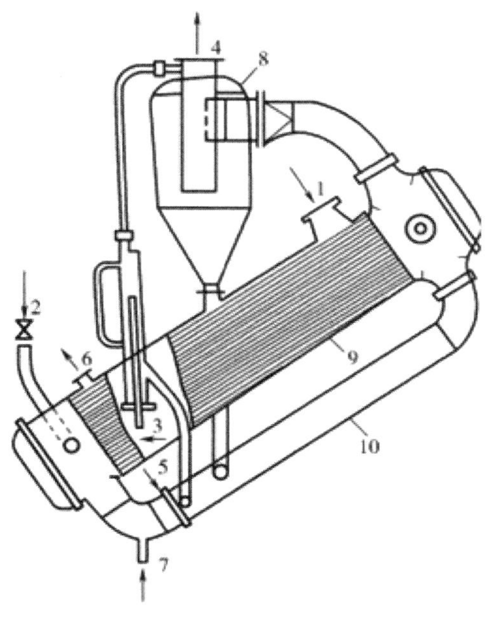

图 4-21 自然循环外加热式蒸发器

1—蒸气入口 2—料液入口 3—抽出口 4—二次蒸汽出口 5—冷凝水出口
6—不凝汽出口 7—浓缩液出口 8—分离器 9—加热器 10—循环管

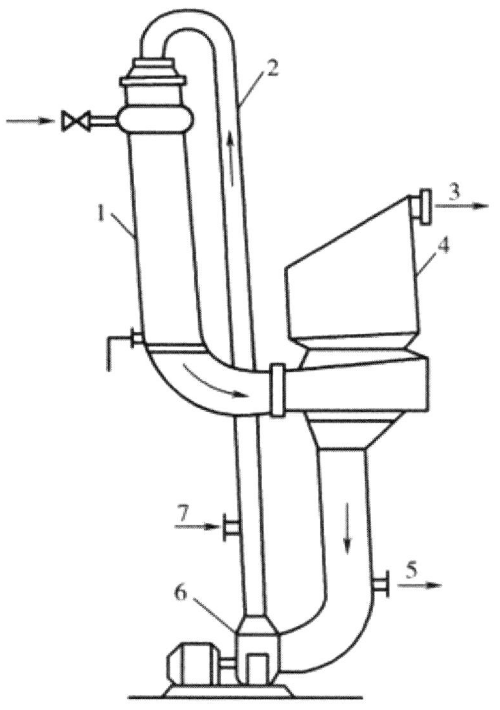

图 4-22 强制循环外加热式蒸发器

1—加热器 2—循环管 3—二次蒸汽出口 4—分离器
5—浓缩液出口 6—循环泵 7—加料口

（二）膜式蒸发器

根据料液成膜作用力及加热特点，膜式蒸发器有升（降）膜式蒸发器、刮板式和离心式薄膜蒸发器、板式薄膜蒸发器。

升（降）膜式蒸发器是典型的膜式蒸发器，是一种外加热式蒸发器。溶液通过加热室一次达到所需的浓度，且溶液沿加热管壁呈膜状流动进行传热和蒸发，故其传热效率高，蒸发速度快，溶液在蒸发器内停留时间短，特别适用于热敏性溶液的蒸发。

1. 升膜式蒸发器

升膜式蒸发器如图 4-23 所示。加热室由列管式换热器构成，常用管长 6 ～ 12m，管长径之比为 100 ～ 150。料液的加热与蒸发分三部分。在底部，管内完全充满料液，由于液柱的静压作用，一般不发生沸腾，只起加热作用，随着温度升高，在中部开始沸腾产生蒸汽，使料液产生上升力。到了上部，蒸汽体积急剧增大，产生的高速上升蒸汽使溶液在管壁上抹成一层薄膜，使传热效果大大改善。在管顶部呈喷雾状，快速进入分离室分离，浓缩液由分离室底部排出。

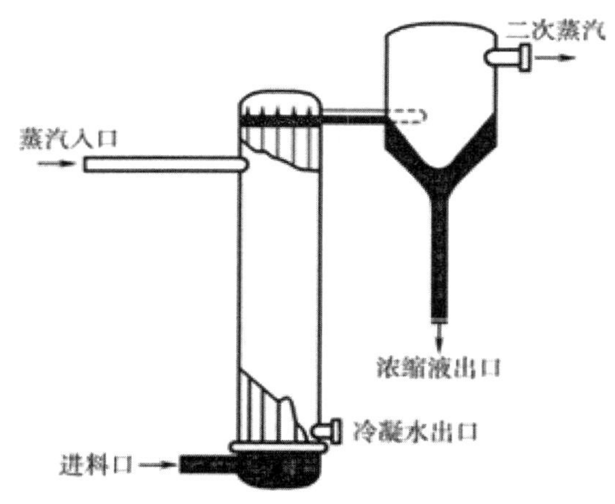

图 4−23 升膜式蒸发器

升膜式蒸发器由于蒸发时间短（仅几秒到十余秒），具有良好的破乳作用，所以适用于蒸发量大、热敏性及易生成泡沫的溶液浓缩，一次通过浓缩比可达 4 倍，它已成功地应用于乳品和果汁工业中，但不适于高黏度、易结晶或结垢物料的浓缩。

2. 降膜式蒸发器

降膜式蒸发器如图 4-24 所示。与升膜式蒸发器不同的是，料液由加热室的顶部进入，在重力作用下沿管壁内呈膜状下降，浓缩液从下部进入分离器。为了防止液膜分布不均匀，出现局部过热和焦壁现象，在加热列管的上部设置有各种不同结构的料液分配器装置，并保持一定的液柱高度。

降膜式蒸发器因不存在静液层效应，物料沸点均匀，传热系数高，停留时间短，但液膜的形成仅依靠重力及液体对管壁的亲润力，故蒸发量较小，一次蒸汽浓缩比一般小于 7。

3. 升—降膜蒸发器

升—降膜蒸发器是将加热器分成两程：一程做稀溶液的升膜蒸发；另一程为浓稠液的降膜蒸发，如图 4-25 所示。这种蒸发器集中了升、降膜蒸发器的优点。

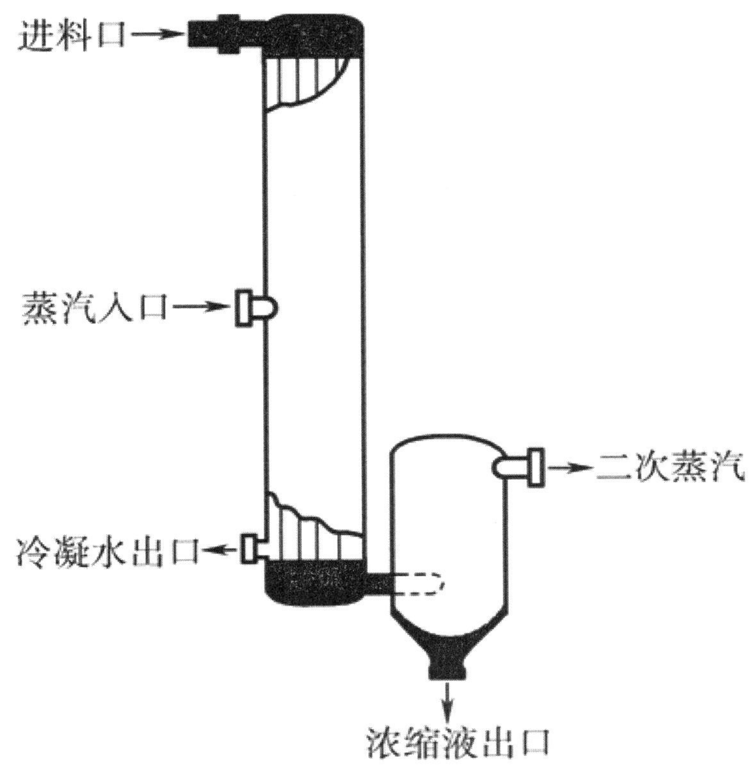

图 4–24 降膜式蒸发器

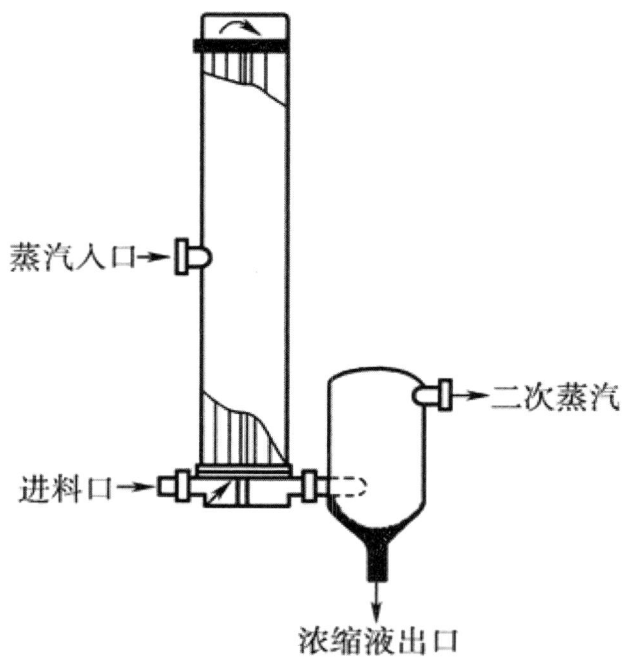

图 4–25 升—降膜式蒸发器

4. 刮板式薄膜蒸发器

如图 4-26 所示，刮板式薄膜蒸发器有立式和卧式两种。加热室壳体外部装有加热蒸汽夹套，内部装有可旋转的搅拌叶片，原料液受刮板离心力、重力以及叶片的刮带作用，以极薄液膜与加热表面接触，迅速完成蒸发。

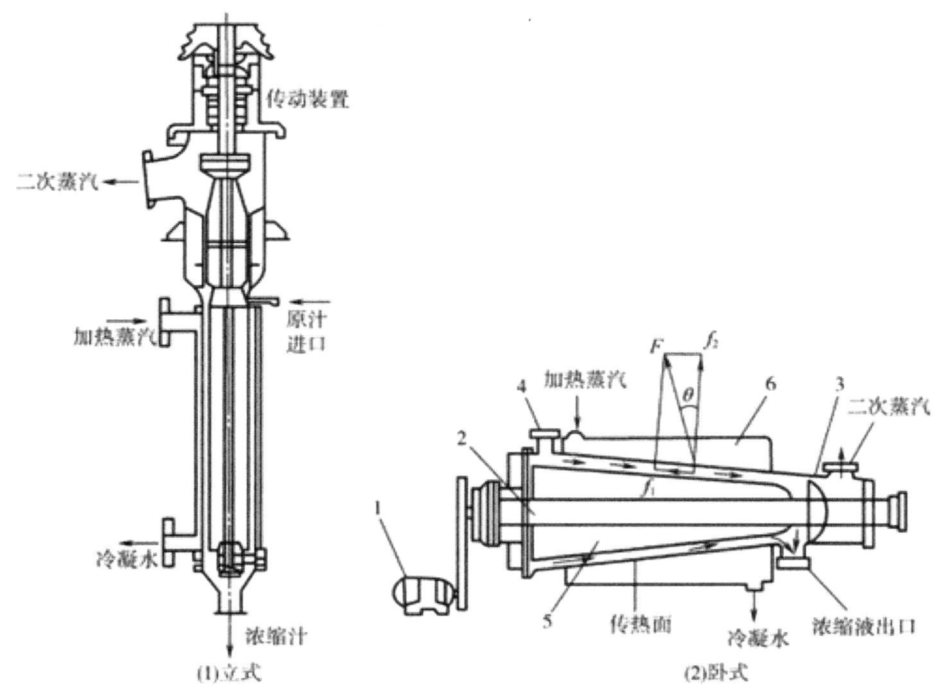

图 4–26 刮板式薄膜蒸发器

1—电动机 2—转轴 3—分离器 4—分配盘 5—刮板 6—夹套加热室

刮板式蒸发器有多种不同结构。按刮板的装置方式有固定式刮板和离心式刮板之分；按蒸发器的放置形式有立式、卧式和卧式倾斜放置之分；按刮板和传热面的形状有圆柱形和圆锥形两种。

刮板式薄膜蒸发器可用于易结晶、易结垢、高黏度或热敏性的料液浓缩。但该结构较复杂，动力消耗大，处理量较小，浓缩比一般小于 3。

板式蒸发器是由板式换热器与分离器组合而成的一种蒸发器，见图 4-27。通常由两个加热板和两个蒸发板构成一个浓缩单元，加热室与蒸发室交替排列。实际上料液在热交换器中的流动如升降膜形式，也是一种膜式蒸发器（传热面不是管壁而是平板）。数台板式热交换器也可串联使用，以节约能耗与水耗。通过改变加热系数，可任意调整蒸发量。由于板间液流速度高，传热快，停留时间短，也很适于果蔬汁物料的浓缩。板式蒸发器的另一显著特点是占地少，易于安装和清洗，也是一种新型蒸发器。其主要缺点是制造复杂，造价较高，周边密封橡胶圈易老化。

（三）多效蒸发

单效真空蒸发广泛应用于食品浓缩。单效真空蒸发的最大优点是容易操作控制，可依据物料黏性、热敏性，控制蒸发温度（通过控制加热蒸汽及真空度）及蒸发速率。但由于物料在单效蒸发器内停留时间长，会带来热敏性成分的破坏问题，且物料在不断浓缩过程中，其沸点温度随着浓度的提高而增大，黏度也随浓度及温度的变化而改变，因此浓缩过程要合理选择控制蒸发温度。由于液层静压效应引起的液面下局部沸腾温度高于液面上的沸腾温度，也是单效真空蒸发中容易出现的问题。料液黏度增大，物料在蒸发过程中湍动小，更易增大这种差异，甚至加热面附近料液温度接近加热面温度引起结垢、焦化，影响热的传递。

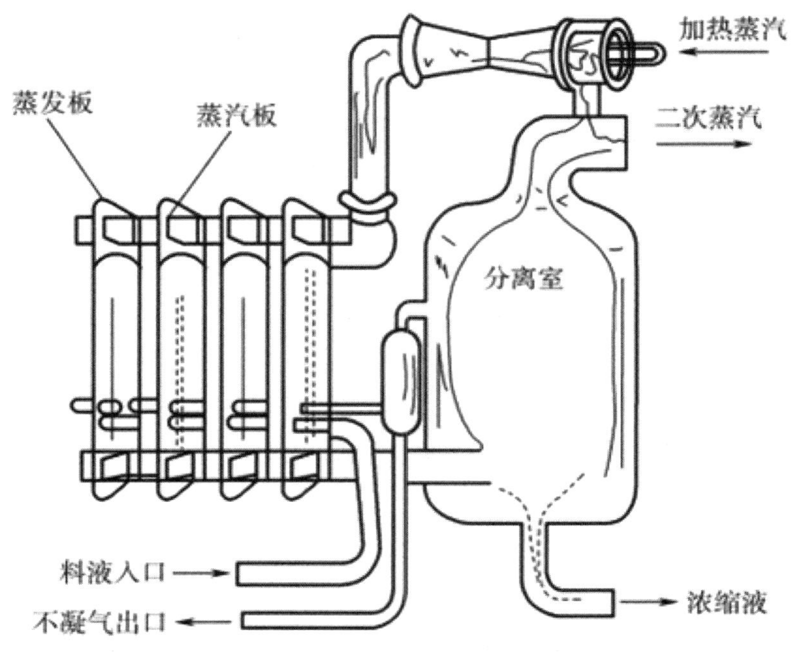

图 4-27 板式蒸发器

单效蒸发存在热耗多、传热面积不大等缺点，限制其蒸发能力的提高。对于生产量大的现代食品工厂，单效蒸发已逐步被多效真空浓缩所代替。

1. 多效真空蒸发浓缩的原理

从理论上，1kg 水蒸气可蒸发 1kg 水，产生 1kg 二次蒸汽。若将二次蒸汽全部用作第二效的加热蒸汽，同样应该可蒸发产生 1kg 的蒸汽。但实际上，由于汽化潜热随温度降低而增大，且效间存在热量损失，蒸发 1kg 水所消耗的加热蒸汽量常高于理论上的消耗量。从总的蒸发效果看，由于汽化潜热随温度升高而减小，随着效数的增加，蒸发所需的蒸汽消耗量降低。

多效真空蒸发器内的绝对压力依次下降，每一效蒸发器中的料液沸点都比上一效低，因此任何一效蒸发器中的加热室和蒸发室之间都有热传递所必需的温度差和压力差，这是多效蒸发的原理所在。

2. 多效真空浓缩流程

由几个蒸发器相连接，以蒸汽加热的蒸发器为第一效，利用第一效产生的二次蒸汽加热的蒸发器为第二效，依此类推。按照多效蒸发加料方式与蒸汽流动方向，有顺流式、逆流式和平流式蒸发器。如图 4-28 所示为三效真空浓缩装置流程图。

（1）顺流加料法。如图 4-28（1）所示，料液和蒸汽的流向相同，均由第一效顺序至末效，故也称并流加料法，这是工业上常用的一种多效流程。这种流程的优点：第一，由于后一效蒸发室的压力比前一效低，料液在效间的输送不用泵而可利用各效间的压力差；第二，后一效料液的沸点较前一效低，当料液进入下一效时发生闪蒸现象，产生较多的二次蒸汽；第三，浓缩液的温度依效序降低，对热敏性物料的浓缩有利。缺点是：料液浓度依效序增高，而加热蒸汽温度依效序降低，所以当溶液黏度升高较大时，传热系数下降，增加了末效蒸发的困难。

（2）逆流加料法。如图 4-28（2）所示，原料液由末效进入，用泵依次输送至前一效，浓缩液由第一效下部排出。加热蒸汽的流向则由第一效顺序至末效。因蒸汽和料液的流动方向相反，故称逆流加料法。逆流加料法的优点是：随着料液向前一效流动，浓度愈来愈高，而蒸发温度也愈来愈高，故各效料液黏度变化较小，有利于改善循环条件，提高传热系数。缺点是：第一，高温加热面上的浓料液的局部过热易引起结垢和营养物质的破坏；第二，效间料液的输送需用泵，使能量消耗增大；第三，与顺流相比，水分蒸发量稍低，热量消耗稍大；第四，料液在高温操作的蒸发器内停留时间比顺流长，对热敏性食品不利。通常逆流法适于黏度随温度和浓度变化大的料液蒸发。

（3）平流加料法。如图 4-28（3）所示，每效都平行送入原料液和排出浓缩液。加热蒸汽则由第一效依次至末效。平流法适用于在蒸发进行的同时有晶体析出的料液的浓缩，如食盐溶液的浓缩结晶。这种方法对结晶操作较易控制，并省掉了黏稠晶体悬浮液体的效间泵送。

（4）混流加料法。有些多效蒸发过程同时采用顺流和逆流加料法，即某些效用顺流，某些效用逆流，充分利用各流程的优点。这种称为混流加料法，尤其适用于料液黏度随浓度而显著增加的料液蒸发。

（5）额外蒸汽运用。根据生产情况，在多效蒸发流程中，有时将某一效的二次蒸汽引出一部分用于预热物料或用作其他加热目的，其余部分仍进入下一效作为加热蒸汽。被引出的二次蒸汽，称为额外蒸汽。从蒸发器中引出额外蒸汽作为他用，是一项提高热能经济利用的措施。一般情况下，额外蒸汽多自第 1、2 效引出。

（四）多效蒸发的效数

多效蒸发的最大优点是热能的充分利用。但实际应用中，多效蒸发的效数是受到限制的，原因如下所述。

1. 实际耗气量大于理论值

由于汽化潜热随温度降低而增大，并且效间存在热损失，因此总热损随着效数增加而增加。

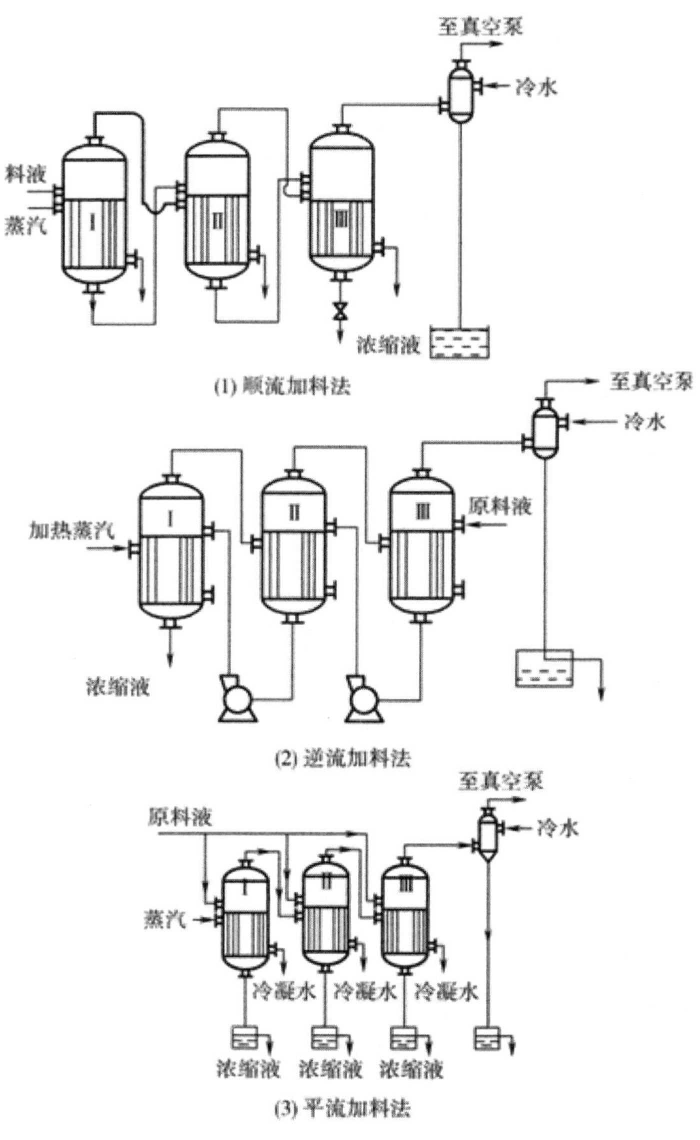

图 4–28 三效真空浓缩装置流程图

2. 设备费用增加

多效蒸发虽可节约蒸汽，但蒸发设备及其附属设备的费用却随着效数的增加而成倍地增加，当增加至不能弥补所节约的燃料费时，效数就达到了极限。以牛奶浓缩为例，日处理鲜奶量 10 ～ 20t，可选 2 ～ 3 效；日处理量为 20 ～ 50t，选 3 ～ 4 效；日处理量为 50 ～ 100t，选 4 ～ 5 效；日处理量为 100 ～ 200t，选 5 ～ 6 效。

3. 物料性质的限制

由于食品物料的性质，蒸发的最高温度和最终温度都有一定限制，使蒸发的总温差有限。据经验，当各效的传热有效温差小于 5℃时，将大大降低传热效率，使传热面积增大。例如考虑牛奶蒸发过程的黏度变化，其最高浓缩温度为 68℃，浓缩终温通常是 42℃，则总传热温差是 26℃，分配到各效，温差和效数就有限了。

四、冷冻浓缩

（一）冷冻浓缩的基本原理

1. 冷冻浓缩的固液相平衡

冷冻浓缩是利用冰和水溶液之间的固相液相平衡原理进行浓缩的一种方法。冷冻浓缩将稀溶液中作为溶剂的水冻结并分离出冰晶，从而使溶液浓缩。冷冻浓缩涉及液固系统的相平衡，但它与常规的冷却结晶操作有所不同。

以盐水溶液为例，对于简单的二元系统（仅有一种溶剂和一种溶质），溶液在不同温度与浓度有对应的相平衡关系。若盐水浓度较低，随着溶液温度下降，盐水溶液浓度保持不变。当温度降到一个值时（即为冰点），溶液中如有种冰或晶核存在时，盐水中一部分水开始结冰析出，剩下的盐水浓度升高。当温度进一步下降，水就不断结冰析出，盐水浓度也越来越高。当温度降到一定值时，盐水在此温度下全部结冰，此时盐水浓度为低共熔浓度，对应的温度为低共熔温度。在此过程中盐水是不断浓缩的，此即是冷冻浓缩的原理所在。而若盐水的浓度高于低共熔浓度，溶液呈过饱和状态，此时降温的结果表现为溶质晶体析出，盐水浓度下降，这是冷却结晶的原理。

2. 冷冻浓缩过程中的溶质夹带和溶质脱除

由于冷冻浓缩过程中的水分冻结和溶质浓缩是一个方向相反的传质过程，即水分从溶液主体迁移到冰晶表面析出，而溶质则从冰晶表面附近向溶液主体扩散。实际上，在冷冻浓缩过程中析出的冰结晶不可能达到纯水的状态，总是有或多或少的溶质混杂其中，这种现象称为溶质夹带。

溶质夹带有内部夹带和表面附着两种。内部夹带与冷冻浓缩过程中溶质在主体溶液中的迁移速率和迁移时间有关，在缓慢冻结时，冰晶周围增浓溶液中的溶质有足够的时间向主体溶液扩散，溶质夹带就少，速冻则相反。只有保持在极缓慢冻结的条件下，才有可能发生溶质脱除（水分冻结时，排斥溶质，保持冰晶纯净的现象）作用。搅拌可以加速溶质向主体溶液扩散，从而减少溶质夹带；另外溶液主体的传质阻力（如黏度）小时，溶质夹带也少。表面附着量与冰晶的比表面积成正比（即与冰晶体的体积成反比）。溶质夹带不可避免地会造成溶质的损失。

3. 浓缩终点

理论上，冷冻浓缩过程可持续进行至低共熔点，但实际上，多数液体食品没有明显的低共熔点，而且在此点远未到达之前，浓缩液的黏度已经很高，其体积与冰晶相比甚小，此时就不可能很好地将冰晶与浓缩液分开。因此，冷冻浓缩的浓度在实践上是有限度的。

（二）冷冻浓缩的特点

由于冷冻浓缩过程不涉及加热，所以这种方法适用于热敏性食品物料的浓缩，可避免芳香物质因加热造成的挥发损失。冷冻浓缩制品的品质比蒸发浓缩和反渗透浓缩法高，目前主要用于原果汁、高档饮品、生物制品、药品、调味品等的浓缩。

冷冻浓缩的主要缺点是：浓缩过程中微生物和酶的活性得不到抑制，制品还需进行热处理或冷冻保藏；冷冻浓缩的溶质浓度有一定限制，且取决于冰晶与浓缩液的分离程度。一般来说，溶液黏度愈高，分离就会愈困难；有溶质损失；成本高。

（三）应用于食品工业的冷冻浓缩系统

对于不同的原料，冷冻浓缩系统及操作条件也不相同，一般可分为两类：一是单级冷冻浓缩；二是多级冷冻浓缩。后者在制品品质及回收率方面优于前者。

1. 单级冷冻浓缩装置系统

图 4-29 为采用洗涤塔分离方式的单级冷冻浓缩装置系统示意图。它主要由刮板式结晶器、混合罐、洗涤塔、融冰装置、贮罐、泵等组成，用于果汁、咖啡等的浓缩。操作时，料液由泵 7 进入旋转刮板式结晶器，冷却至冰晶出现并达到要求后进入带搅拌器的混合罐 2，在混合罐中，冰晶可继续成长，然后大部分浓缩液作为成品从成品罐 6 中排除，部分与来自贮罐 5 的料液混合后再进入结晶器 1 进行再循环，混合的目的是使进入结晶器的料液浓度均匀一致。从混合罐 2 中出来的冰晶（夹带部分浓缩液），经洗涤塔 3 洗涤，洗下来的一定浓度的洗液进入贮罐 5，与原料混合后再进入结晶器，如此循环。洗涤塔的洗涤水是利用融冰装置（通常在洗涤塔顶部）将冰晶融化后再使用，多余的水排走。采用单级冷冻浓缩装置可以将浓度为 8 ~ 14° Bx 的原果汁浓缩成 40 ~ 60° Bx 的浓缩果汁，其产品质量非常高。

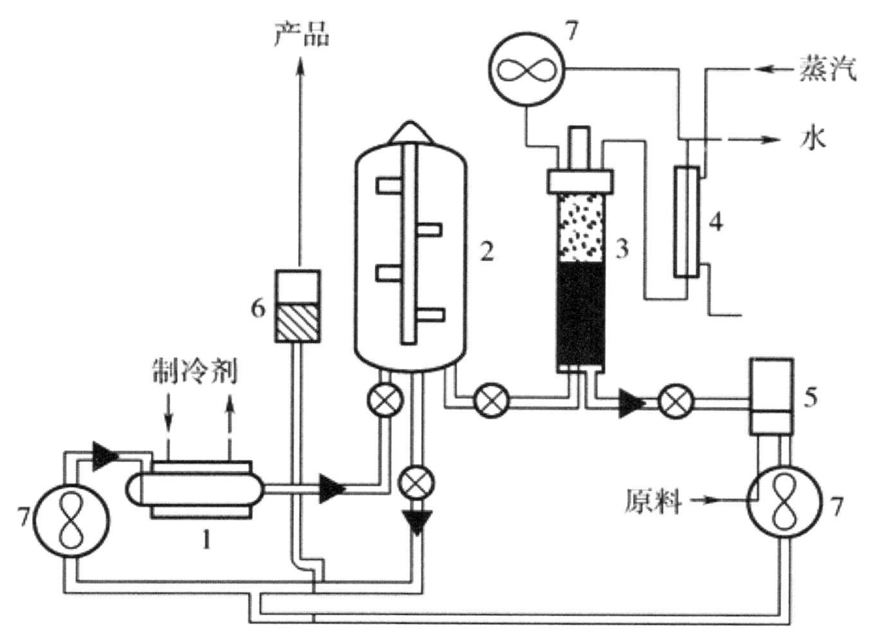

图 4-29 单级冷冻浓缩装置系统示意图

1—旋转刮板式结晶器 2—混合罐 3—洗涤塔 4—融冰装置 5—贮罐 6—成品罐 7—泵

2. 多级冷冻浓缩装置

所谓多级冷冻浓缩是指将上一级浓缩得到的浓缩液作为下一级浓缩的原料液进行再次浓缩的一种冷冻浓缩装置。图 4-30 所示为咖啡二级冷冻浓缩装置流程。咖啡料液（浓度为 260g/L）由管 6 进入贮料罐 1，被泵送至一级结晶器 8，然后冰晶和一次浓缩液的混合液进入一级分离机 9 离心分离，浓缩液（浓度 < 300g/L）由管进入贮罐 7，再由泵 12 送入二级结晶器 2，经二级结晶后的冰晶和浓缩液的混合液进入二级分离机 3 离心分离，浓缩液（浓度 > 370g/L）作为产品从管排出。为了减少冰晶夹带浓缩液的损失，离心分离机 3、9 内的冰晶需洗涤，若采用融冰水（沿管进入）洗涤，洗涤下来的稀咖啡液分别进入料槽 1，所以贮料罐 1 中的料液浓度实际上低于最初进料浓度（ < 240g/L）。为了控制冰晶量，结晶器 8 中的进料浓度需维持一定值（高于来自管 15 的料液浓度），这可利用浓缩液的分支管 16，用阀 13 控制流量进行调节，也可以通过管 17 和泵 10 来调节。但通过管 17 与管 16 的调节应该是平衡控制的，以使结晶器 8 中的冰晶质量分数在 20% ~ 30%。实践表明，当冰晶质量分数占 26% ~ 30% 时，分离后的咖啡损失质量分数小于 1%。

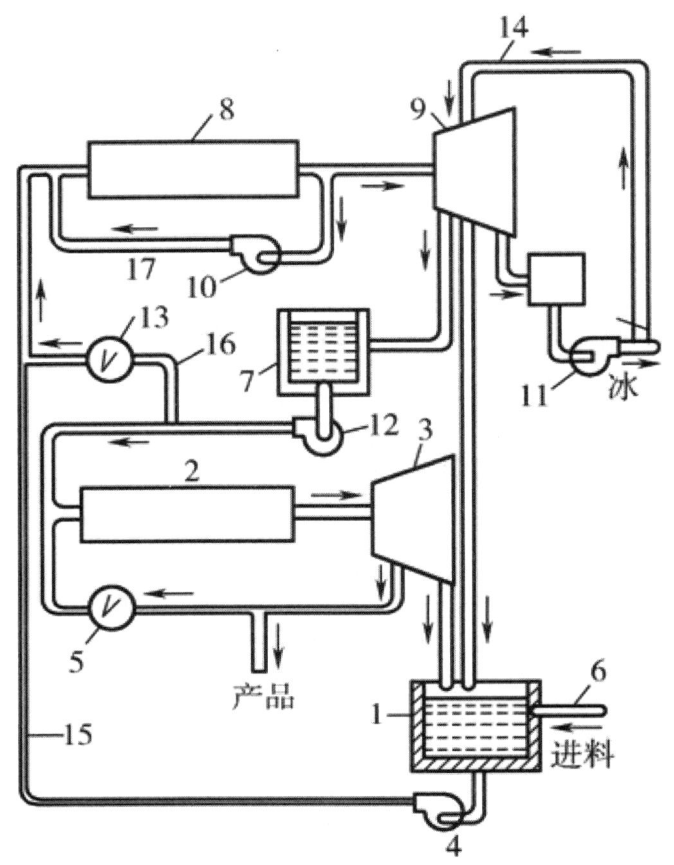

图 4-30 二级冷冻浓缩装置流程示意图

1、7—贮料罐 2、8—结晶器 3、9—分离机 4、10、11、12—泵

5、13—调节阀 6—进料管 14—融冰水进入管 15、17—管路 16—浓缩液分支管

五、膜浓缩

膜浓缩是一种类似于过滤的浓缩方法，只不过“过滤介质”为天然或人工合成的高分子半透膜，如果“过滤”膜只允许溶剂通过，把溶质截留下来，使溶质在溶液中的相对浓度提高，就称为膜浓缩。如果在这种“过滤”过程中透过半透膜的不仅是溶剂，而且是有选择地透过某些溶质，使溶液中不同溶质达到分离，则称为膜分离。

（一）膜浓缩的种类及操作原理

在膜技术应用中常根据浓缩过程的推动力不同进行分类，膜浓缩的动力除压力差以外，还可以采用电位差、浓度差、温度差等。目前在工业上应用较成功的膜浓缩主要有以压力为推动力的反渗透（Reverse Osmosis，简称 RO）和超滤（Ultra Filtration，简称 UF），以及以电力为推动力的电渗析（ED）。由于膜浓缩不涉及加热，所以特别适合于热敏性食品的浓缩。与蒸发浓缩和冷冻浓缩相比，膜浓缩不存在相变，能耗少，操作比较经济，且易于连续进行。目前膜浓缩已成功地应用于牛乳、咖啡、果汁、明胶、乳清蛋白等的浓缩。

1. 反渗透

溶液反渗透是利用反渗透膜有选择性地只能透过溶剂（通常是水）的性质，对溶液施加压力以克服溶液的渗透压，使溶剂通过半透膜而使溶液得到浓缩。其原理如图 4-31 所示。

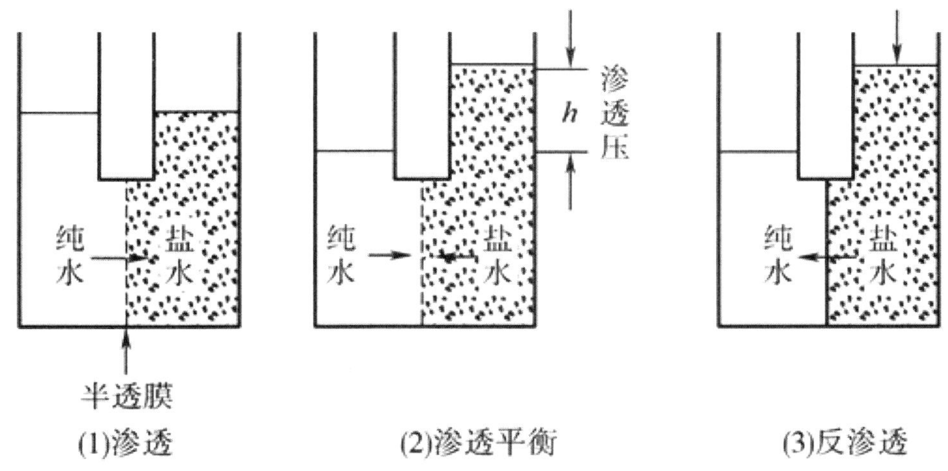

图 4-31　渗透与反渗透原理图

当纯水与盐水用一张能透过水的半透膜隔开时，纯水将自发地向盐水侧流动，这种现象称为渗透。水分子的这种流动推动力，就是半透膜两侧水的化学势差。渗透要一直进行到盐水侧的静压力高到足以使水分子不再向盐水侧流动为止。平衡时的静压力即为盐水的渗透压。如果往盐水侧加压，使盐水侧与纯水侧的压差大于渗透压，则盐水中的水将通过半透膜流向纯水侧，此过程即反渗透。

反渗透的最大特点就是能截留绝大部分和溶剂分子大小同一数量级的溶质，从而获得相当纯净的溶剂（如纯水）。

2. 超滤

应用孔径为 1.0 ~ 20.0nm（或更大）的半透膜来过滤含有大分子或微细粒子的溶液，使大分子或微细粒子在溶液中得到浓缩的过程称之为超滤浓缩。与反渗透类似，超滤的推动力也是压力差，在溶液侧加压，使溶剂透过膜而使溶液得到浓缩。与反渗透不同的是，超滤膜对大分子的截留机理主要是筛分作用，即符合所谓的毛细孔流模型。决定截留效果的主要是膜的表面活性层上孔的大小和形状。除了筛分作用外，粒子在膜表面微孔内的吸附和在膜孔中的阻塞也使大分子被截留。由于理想的分离是筛分，因此要尽量避免吸附和阻塞的发生。在超滤过程中，小分子溶质将随同溶剂一起透过超滤膜，如图 2-32 所示。超滤所用的膜一般为非对称性膜，能够截留相对分子质量为 500 以上的大分子和胶体微粒，所用压差一般只有 0.1 ~ 0.5MPa。

像反渗透一样，超滤也存在浓差极化问题，即在溶液透过膜时，在高压侧溶液与膜的界面上有溶质的积聚，使膜界面上溶质浓度高于主体溶液的浓度。图 2-33 是膜两侧浓度分布示意图。图中 C1 是浓溶液主体浓度，C2 是由于浓差极化造成的比 C1 高的膜表面上的浓度，C3 是透过液浓度。

超滤截留的溶质多数是高分子或胶体物质，浓差极化时这些物质会在膜表面上形成凝胶层，严重地阻碍流体的流动，使透水速率急剧下降。此时若增加操作压力，只能增加溶质在凝胶层上的积聚，使胶层厚度增加，导致分离效率下降。因此，增大膜界面附近的流速以减小凝胶层厚度是十分重要的。

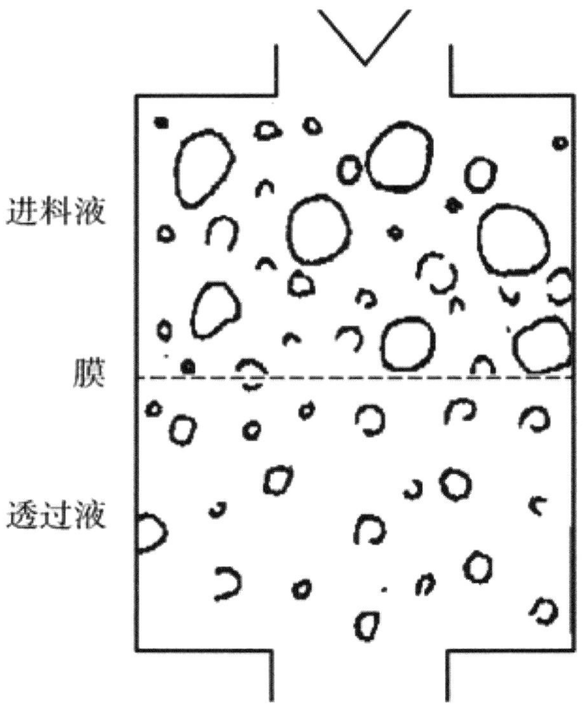

图 4-32 超滤原理

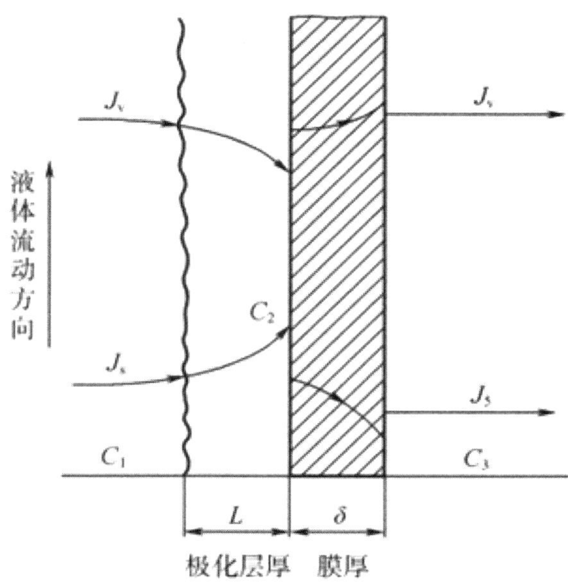

图 4−33 膜两侧的浓度分布图

3. 电渗析

电渗析是在外电场的作用下，利用一种对离子具有不同的选择透过性的特殊膜（称为离子交换膜）而使溶液中阴、阳离子与其溶剂分离。由于溶液的导电是依靠离子迁移来实现的，其导电性取决于溶液中的离子浓度和离子的绝对速率。离子浓度愈高，离子绝对速率愈大，则溶液的导电性愈强，即溶液的电阻率愈小。纯水的主要特征，一是不导电，二是极性较大。当水中有电解质（如盐类离子）存在时，其电阻率就比纯水小，即导电性强。电渗析正是利用含离子溶液在通电时发生离子迁移这一特点。

图 4-34 所示为电渗析的原理图。当水用电渗析器进行脱盐时，将电渗析器接以电源，水溶液即导电，水中各种离子即在电场作用下发生迁移，阳离子向负极运动，阴离子向正极运动。由于电渗析器两极间交替排列多组的阳、阴离子交换膜，阳膜（C）只允许水中的阳离子透过而排斥阻挡阴离子，阴膜（A）只允许水中的阴离子透过而排斥阻挡阳离子。因而在外电场作用下，阳离子透过阳离子交换膜向负极方向运动，阴离子透过阴离子交换膜向正极方向运动。这样就形成了称为淡水（稀溶液）室的去除离子的区间和称为浓水（浓缩液）室的浓离子的区间，在靠近电极附近，则称为极水室。在电渗析器内，淡水室和浓水室多组交替排列，水流过淡水室，并从中引出，即得脱盐的水。

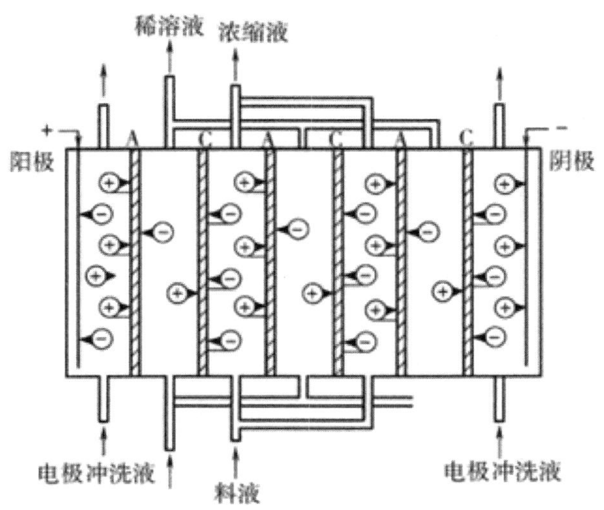

图 4–34 电渗析的原理图

离子交换膜是一种由高分子材料制成的具有离子交换基团的薄膜。如图 4-35 所示，它之所以具有选择透水性，主要是由于膜的孔隙度和膜上离子基团的作用，膜上的孔隙可允许离子的进出和通过。这些孔隙，从膜正面看是直径为几十埃至几百埃的微孔；从膜侧面看，是一条条弯弯曲曲的通道。水中离子就是在这些通道中做电迁移运动，由膜的一侧进入另一侧。膜上的离子基团是在膜高分子链上连接着的一些可以发生解离作用的活性基团。凡是在高分子链上连接的是酸性活性基团（如—SO3H）的膜就称为阳膜，连接的是碱性活性基团（如—N（CH3）3OH）的膜就称为阴膜。例如一般水处理常用的磺酸型阳离子交换膜其结构为：R-SO3-H+，其中 R 为基膜，—SO3H 为活性基团，—SO3—为固定基团，H+ 为解离离子；季胺型阴离子交换膜的结构为：R-N+（CH3）3-OH-，其中 R 为基膜，—N+（CH3）3OH 为活性基团，—N+（CH3）3—为固定基团，—OH- 为解离离子（又称反离子）。

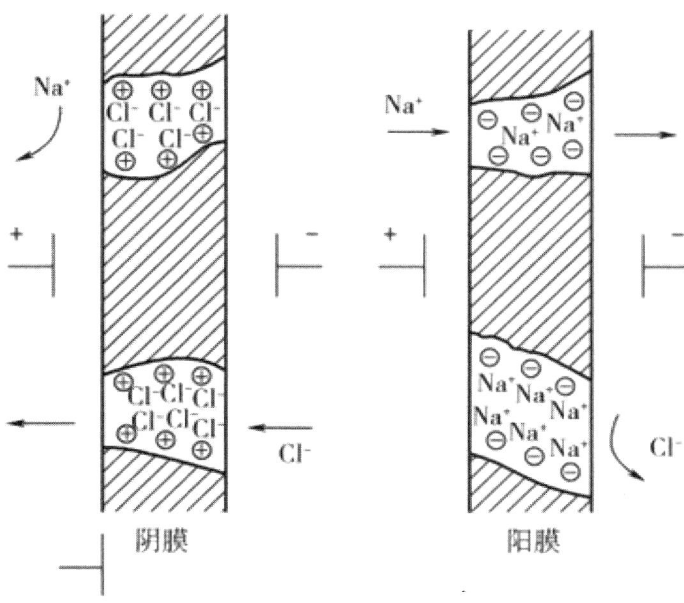

图 4-35 离子交换膜作用示意图

在水溶液中，膜上的活性基团会发生解离作用，解离产生的离子进入溶液，于是在膜上就留下了带一定电荷的固定基团。在阳膜上留下的是带负电荷的基团，构成了强烈的负电场，在外加直流电场的作用下，根据同性相斥、异性相吸的原理，溶液中阳离子被它吸引传递并通过微孔进入膜的另一侧，而溶液中的阴离子则受到排斥；相反，在阴膜上留下的是带正电荷的基团，构成了强烈的正电场。同理，溶液中阴离子可通过膜而阳离子则受到排斥。此即离子交换膜具有选择透过性的原因。可见，离子交换膜发生的作用并不是离子交换作用，而是离子选择透过作用，所以更精确地说，应称为离子选择性透过膜。

第五章　加工类食品贮藏

第一节　冷冻食品贮藏

一、低温防腐的基本原理

（一）低温对酶活性的影响

酶的活性和温度有密切的关系。大多数酶的适宜活动温度为 30 ～ 40℃，动物体内的酶需稍高的温度，植物体内的酶需稍低的温度。当温度超过适宜活动温度时，酶的活性就开始遭到破坏，当温度达到 80 ～ 90℃时，几乎所有酶的活性都遭到了破坏。

低温下酶仍能保持部分活性。例如胰蛋白酶在 -30℃下仍然有微弱的反应，脂肪分解酶在 -20℃下仍能引起脂肪水解。只有将温度维持在 -18℃以下，酶的活性才会受到很大程度的抑制。低温能降低酶或酶系活动的速度，食品保鲜时间也将随之延长。为了将冷冻（或速冻）、冻藏和解冻过程中食品内不良变化降到最低的程度，食品常经短时预煮，预先将酶的活性完全破坏掉，再行冻制。预煮时常以过氧化酶活性被破坏的程度作为所需时间的依据。

（二）低温对微生物的影响

1. 低温能减缓微生物生长和繁殖的速度

当温度降低到最低生长点时，它们就停止生长并出现死亡。许多嗜冷菌和嗜温菌的最低生长温度低于 0℃，有时可达 -8℃。例如蔬菜中各种细菌最低生长温度为 -6.7℃。降到最低生长温度后，再进一步降温，就会导致微生物死亡，不过在低温下，它们的死亡速度比较慢。冻结或冰冻介质最易促使微生物死亡，对 0℃下尚能生长的微生物也是这样。在 -5℃过冷介质中荧光杆菌的细胞数基本不变，但其在相同温度的冰冻介质中不断死亡。

2. 低温导致微生物活力减弱和死亡的原因

在正常情况下，微生物细胞内各种生化反应总是相互协调一致。但各种生化反应的温度系数Q10各不相同，因而降温时这些反应将按照各自的温度系数（即倍数）减慢，破坏各种反应原来的协调一致性，影响微生物的生活机能。温度愈低，失调程度也愈大，以致它们的生活机能受到抑制甚至完全丧失。

冷却时介质中冰晶体的形成会促使细胞内原生质或胶体脱水。胶体内溶质浓度的增加常会促使蛋白质变性。冰晶体的形成还会使细胞遭受到机械性破坏，导致菌体死亡。

3. 影响微生物低温致死的因素

（1）温度的高低

在冰点以上，微生物仍然具有一定的生长繁殖能力，低温菌和嗜冷菌逐渐增长，会导致食品变质。对低温不适应的微生物则逐渐死亡。

温度稍低于生长温度或冻结温度时对微生物的威胁性最大，一般为 -12 ～ -8℃，尤以 -5 ～ -2℃为最甚，此时微生物的活动就会受到抑制或微生物几乎全部死亡。温度冷却到 -25 ～ -20℃时，微生物细胞内所有酶的反应几乎全部停止，同时细胞内胶质体的变性延缓，此时微生物的死亡比在 -10 ～ -8℃时就缓慢得多。

（2）降温速度

食品冻结前，降温愈速，微生物的死亡率也愈大。因为此时微生物细胞内新陈代谢未能及时迅速进行调整。冻结时恰好相反，缓冻导致大量微生物死亡，速冻则相反。这是因为缓冻时一般食品温度常长时间处于 -12 ～ -8℃（特别在 -5 ～ -2℃），并形成量少粒大的冰晶体，对细胞产生机械性破坏作用，还促进蛋白变性，以致微生物死亡率相应提高。速冻时食品在对细胞威胁性最大的温度范围内停留的时间甚短，同时温度迅速下降到 -18℃以下，能及时终止细胞内酶的反应和延缓胶质体的变性，故微生物的死亡率也相应降低。一般情况下，食品速冻过程中微生物的死亡数仅为原菌数的 50% 左右。

（3）结合水分和过冷状态

急速冷却时，如果水分能迅速转化成过冷状态，避免结晶并成为固态玻璃质体，这就有可能避免因介质内水分结冰微生物所遭受到的破坏作用。这样的现象在微生物细胞内原生质冻结时就有出现的可能，当它含有大量结合水分时，介质极易进入过冷状态，不再形成冰晶体，这将有利于保持细胞内胶质体的稳定性。和生长细胞相比，细菌和霉菌芽孢中的水分含量就比较低，而其中结合水分的含量就比较高，因而它们在低温下的稳定性也就相应地较高。

（4）介质

高水分和低 pH 值的介质会加速微生物的死亡，而糖、盐、蛋白质、胶体、脂肪对微生物则有保护作用。

（5）贮期

低温贮藏时微生物数一般总是随着贮存期的增加而有所减少；但是贮藏温度愈低，减少的量愈少，有时甚至于没减少。贮藏初期（也即最初数周内），微生物减少的量最大，一般来说，贮藏一年后微生物死亡数将达原菌数的 60% ～ 90%。在酸性食品中微生物数的下降比在低酸性食品中更多。

（6）交替冻结和解冻

理论上认为交替冻结和解冻将加速微生物的死亡，实际上效果并不显著。炭疽菌在 -68℃温度的 CO_2 中冻结，再在水中解冻，反复连续两次，结果仍未失去毒性。

4. 冻制食品中病原菌控制问题

冻制食品并非无菌，可能含有一些病原菌，如肉毒杆菌、金黄色葡萄球菌、肠球菌、溶血性链球菌、沙门氏菌等。

肉毒杆菌及其毒素对低温有很强的抵抗力。在 -16℃温度中肉毒杆菌能保持生命达一年之久，毒素可保持 14 个月。肉毒杆菌一般能在 20℃温度下生长并产生毒素，但在 10℃以下就不能生长活动。冻制食品即使有肉毒杆菌存在，若贮藏在 -18℃以下，也不会产生毒素。在 -10℃温度中放置较长时间也无产生毒素的危险。因而，冻制前不让肉毒杆菌有生长和产生毒素的机会，解冻后又立即食用就可以避免中毒。

产生肠毒素的葡萄球菌常会在冻制蔬菜中出现。它们对冷冻的抵抗力比一般细菌强。有人曾用 18 个菌株做试验，发现在室温下解冻时，冻玉米内有 8 个菌株会产生毒素，但若解冻温度降低至 4.4 ～ 10℃，则无毒素出现。

目前还发现过滤性病毒能在细菌也难以生存的环境中较长时间地保持它们的生命力，这将成为今后应该予以注意的另一个问题。

冻制食品内的常见的腐败菌在 24 小时内，会使食品发生对人体并无毒害的腐败变质。如果解冻的冻制品中含有毒素，那么它必然同时也会有腐败现象出现，这就事先发出警告。

冻制食品中对病原菌的控制，目前主要还是杜绝生产各个环节中一切可能的污染源，特别是不让带菌者和患病者参加生产，尽可能减少生产过程的人工处理，对食品原料处理及加工、分配和贮藏中的卫生措施始终不渝地进行严格的监督。

大多数腐败菌在 10℃以上能迅速繁殖生长。某些食品中毒菌和病原菌在温度降低至 3℃前仍能缓慢地生长。食品尚未冻硬前嗜冷菌仍能在 -10 ～ -5℃温度下缓慢地生长，但不会产生毒素和导致疾病。不过它们即使处于 -4℃以下，却仍有导致食品腐败变质的可能。如果食品温度低于 -10℃，则微生物不再有明显的生长。0℃时微生物繁殖速度非常缓慢，0℃成为短时期贮藏食品常用的贮温。-10 ～ -7℃时只有少数霉菌尚能生长，而所有细菌和酵母几乎都停止了生长。为此，-12 ～ -10℃则成为冻制食品能长期贮藏的安全贮藏温度。酶的活动一般只有温度降低到 -30 ～ -20℃时才有可能完全停止。工业生产实践证明，-18℃以下的温度是冻制食品冻藏时最适宜的安全贮藏温度。在此温度下还有利于保持食品色泽，减少干缩量和在运输中保冷。

二、冻藏技术

（一）冻藏条件

冻藏条件指低温冷库的温度、相对湿度及空气流速等参数的选择与控制。温度低，酶活性低，微生物繁殖速度也低，有利于食品的冻藏。然而，过低温度将增加冻藏成本。此外要求在一昼夜间及食品进出库等引起库温的波动要尽量小，一般最大不超过 ± 2K。温度波动过大，会促进食品中冰晶的再结晶、小冰晶的消失和大冰晶的长大。据报道，食品在 -10℃下冻藏 21 天，冰晶即由 30μm 增加到 60μm。冰晶的增大加剧了对食品细胞的机械损伤。因此，食品平均冻结终温应尽量等于冻藏温度。食品一般应经冻结后进入低温冷库，未冻结的食品不能直接入库，若运输冻结的食品温度高于 -8℃，则在入库前必须重新冻结至要求温度。

（二）食品在冻藏中的变化

经冻结冻藏的食品的大部分水分（95% 以上）冻结成冰，自由水含量极少；-18℃低温也极大地抑制了酶和微生物的活性，因此冷冻肉能贮存较长时间。但由于冻藏期长，食品中酶和微生物的作用及氧化反应，仍会使食品出现变色、变味等现象。其中干耗和冻伤问题较大。

1. 冻结贮藏中的品质变化

（1）肌肉的形态学变化

冻结贮藏时间越长，肌肉纤维内形成的小冰晶越易与邻接的冰晶相互融合，逐渐形成大的冰晶，使结晶数减少。特别是冻结贮藏 6 ～ 9 个月的肌肉，冰晶会破坏肌肉膜并在肌肉纤维外面成长，使肌肉纤维出现不正常萎缩现象。

冷冻速度对肉的质量有一定的影响。快速冻结，即将肉放在 -25℃以下的冷库内，使肉的温度迅速降到 -18 ～ -15℃冷冻，肉中形成的冰晶颗粒小而均匀，对肉的质量影响较小，经解冻后肉汁流失少。慢冻形成的冰晶大，肌肉细胞受到的破坏就大，肉在解冻后，汁液流失较多，品质就差。

（2）肉色的变化

冻结贮藏 3 个月，肉色仅有微小变化。冻结贮藏 6 个月，明度、红色有所降低，肉色变为淡黄色。冻结贮藏 9 ～ 12 个月的，肉已没有色彩。也就是说，随着贮藏时间的增加，冻结贮藏肉与生肉的差别愈加明显。

2. 解冻后汁液流失

冻结肉在解冻时，会出现汁液流出的问题。汁液流失量一般为 3% 左右。其内含有蛋白质、氨基酸、B 族维生素等。汁液流失量增多的主要原因，据推定是最大冰结晶生成带所用时间过多（冻结速度较慢），使冰结晶体增大，在解冻时肌肉蛋白质持水性小。另外，肉片大小、形状（体积和表面积的比例）等与其也有关系。

3. 干耗（dehydration or drying）

食品在冷冻加工和冷冻贮藏中均会发生不同程度的干耗，使食品重量减轻，质量下降。干耗是食品冷冻加工和冷冻贮藏中的主要问题之一，是由食品中水分蒸发或升华造成的，其程度主要与食品表面和环境空气的水蒸气压差的大小有关。

减少干耗有以下几种方式。影响食品干耗的因素主要有库内空气状态（温度、相对湿度）、流速和食品表面与空气的接触情况。对于冷库内的冷却方式，应尽量提高冷库的热流封锁系数。对于冷库内食品的堆放方式和密度、食品的包装材料及包装材料与食品表面的紧密程度，都应尽量减少食品表面与空气的接触面积。冷库除了保证温度要求外，还要有足够大的空气相对湿度和合理的空气流速及分布，以减少干耗。

4. 冻伤（freezrer burn）

虽然干耗在冷却物冷藏与冻结及冻藏中均会发生，但干耗给食品带来的影响是不同的。冷却冷藏中干耗过程是水分不断从食品表面向环境中蒸发，同时食品内部的水分又会不断地向表面扩散，干耗造成食品形态萎缩。而冻结冻藏中的干耗过程为水分不断从食品表面升华出去，食品内部的水分却不能向表面补充，干耗造成食品表面呈多孔层。这种多孔层大大地增加了食品与空气中氧的接触面积，使脂肪、色素等物质迅速氧化，造成食品变色、变味、脂肪酸败、芳香物质挥发损失、蛋白质变性和持水能力下降等后果。这种在冻藏中的干耗现象称为冻伤。发生冻伤的食品，其表面变质层已经失去营养价值和商品价值，只能刮除扔掉。避免冻伤的方法是首先避免干耗，其次是在食品中或镀冰衣的水中添加抗氧化剂。

（三）冻结食品的 TTT（Time-Temperature-Tolerance）

冻结食品的 TTT 概念是美国 Arsdel 等人在 1948—1958 年对在冻藏下的食品经过大量实验总结归纳出来的，揭示了食品在一定初始质量、加工方法和包装方式，即 3P 原则（product of initial quality，processing method and packaging，PPP factors）下，冻结食品的容许冻藏期与冻藏时间、冻藏温度的关系，对食品冻藏具有实际指导意义。

研究资料表明，冻结食品质量随时间的下降是累积性的，而且为不可逆的。在此期间内，温度是影响质量下降的主要因素。温度越低，质量下降的过程越缓慢，容许的冻藏期也就越长。冻藏期一般可分为实用冻藏期（practical storage life，PSL）和高质量冻藏期（high quality life，HQL）。也有将冻藏期按商品价值丧失时间（time to loss of consumer acceptability）和感官质量变化时间（time to first noticeable change）划分的。

实用冻藏期指在某一温度下不失去商品价值的最长时间；高质量冻藏期是指初始高质量的食品，在某一温度下冻藏，组织有经验的食品感官评价者定期对该食品进行感官质量检验，检验方法可采用三样两同鉴别法或三角鉴别法，若其中有 70% 的评价者认为该食品质量与冻藏在 -40℃温度下的食品质量出现差异，则此时间间隔即为高质量冻藏期。显然，在同一温度下高质量冻藏期短于实用冻藏期。高质量冻藏期通常从冻结结束后开始算起。而实用冻藏期一般包括冻藏、运输、销售和消费等环节。

一种食品的实用冻藏期和高质量冻藏期均是通过反复实验后获得。实验温度范围一般在 -40 ～ -10℃，实验温度水平有 4 ～ 5 个。鉴别方法除感官质量评价外，根据不同食品，还可采用相应的理化指标分析，例如果蔬类食品常进行维生素 C 含量的检验。根据实验数据，画出相应的 TTT 曲线（见图 5-1）。

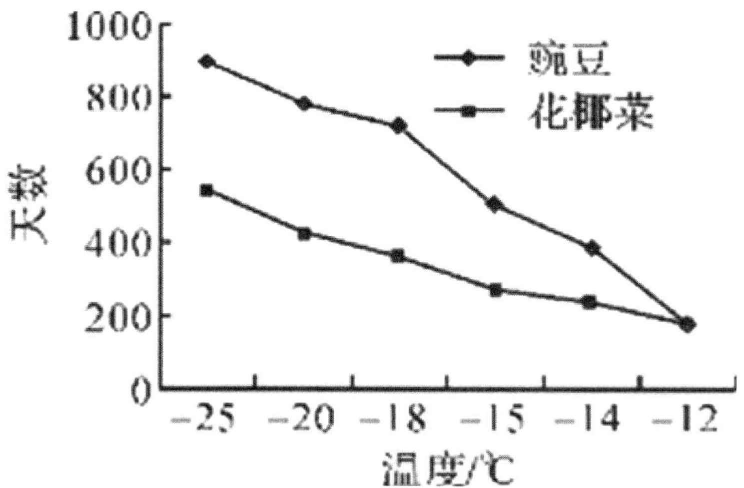

图 5-1　花椰菜和豌豆的实用冻藏期（PSL）

由于冻结食品质量下降是累积的，根据 TTT 曲线可以计算出冻结食品在贮运等不同环节中质量下降累积程度和剩余的可冻藏性。

上述计算方法对多数冻结食品的冻藏具有指导意义，但食品腐败变质与多因素有关，如温度波动给食品质量造成的影响（冰晶长大、干耗等），光线照射对光敏成分的影响等，这些因素在上述计算方法中均未包括，因此，实际冻藏中质量下降率要大于用 TTT 法的计算值，即冻藏期小于 TTT 法下的计算值。

三、各类食品冻藏

（一）畜肉类的冻结和冻藏

1. 畜肉冻结

冻结前的加工大致可分为以下三类：①将胴体劈半后直接包装、冻结；②将胴体分割、去骨、包装、装箱后冻结；③将胴体分割、去骨然后装入冷冻盘冻结等。因为②③都有去骨工序，非常麻烦，所以多以①的方式冻结。但是以①的方式冻结，存在着肉块大的问题。于是采取了一项折中方案，即在分割胴体后，不去骨就包装、装箱，然后转入冻结（见图 5-2）。

对于畜肉冻结，常利用冷空气经过两次冻结或一次冻结完成。两次冻结是先在冷却间用冷空气冷却，温度降至 0 ~ 4℃，再送到冻结间内，用更低温度的空气将胴体最厚部位中心温度降至 -15℃左右。一次冻结是在一个冻结间内完成全部冻结过程。经两次冻结的肉品质好，尤其是对于易产生寒冷收缩的牛、羊肉更明显。但两次冻结生产率低，干耗大。一般情况下，一次冻结比两次冻结可缩短时间 40% ~ 50%；每吨节省电量 17.6kW·h；节省劳力 50%；节省建筑面积 30%；减少干耗 40% ~ 45%。我国目前的冷库大多采用一次冻结工艺，也有先将屠宰后的鲜肉冷却至 10 ~ 15℃，随后再冻结至 -15℃。

（1）分割肉的装箱

将劈半的胴体肉分割成部位肉，然后修整、装箱、冻结。即把劈半的胴体肉分割为前肩、背、腹、后腿 4 部分，然后分别用聚乙烯薄膜包好。如果还要装入纸箱，则包一层聚乙烯薄膜。关于装箱方法，各块肉不尽相同，前肩和后腿装入大箱（500mm × 330mm × 200mm），背肉和腹肉装入小箱（500mm × 290mm × 160mm），每箱均装 4 块。接着用固定钉将纸箱封牢，再用纸带捆缚，以免肉和箱壁产生空隙。另外，纸箱原来高度分别为 200mm 和 160mm，有人认为过高，现在改为 175mm 和 145mm。纸箱原料为双面防水的瓦楞纸。装入纸箱的分割肉要尽快装入 -33℃以下的快速冻结库，24h 后移入 -20℃以下的冻结贮藏库。

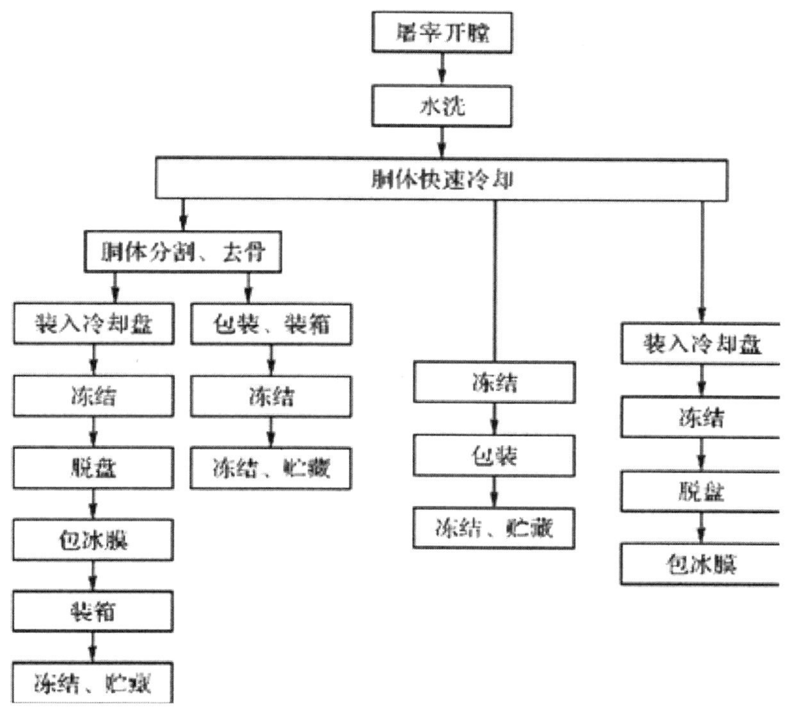

图 5–2　肉类冻结顺序

（2）胴体的冻结

将快速冷却的整片肉，通过吊轨直接移入快速冻结室冻结。其在 -33℃以下快速冻结。达到 -30℃所需要的时间，无包装胴体肉和弹力针织包装胴体肉为 10h，聚乙烯和弹力针织双层包装的胴体肉约为 20h。冻结胴体肉和弹力针织包装胴体肉，在冻结贮藏中，胴体会发生水分蒸发、氧化及冻灼伤等现象。因此，要加冰膜予以保护。但是，冰膜附着力较差，会产生龟裂，要在薄冰中添加辅料。

（3）带骨分割肉包装、装箱后的冻结

将整片带骨肉分割成前肩、背、腹、后腿 4 部分，然后用聚乙烯薄膜加以包装，装入瓦楞纸箱内。纸箱尺寸为 650mm × 550mm × 250mm，650mm × 550mm × 200mm，650mm × 320mm × 170mm。在这些纸箱上没有特意标明肉的数量，可以随意装入。装箱花费时间较长，需按前肩、腹、背、后腿的顺序依次装入。

（4）冷冻盘内分割肉的冻结

盘式冻结即将冷冻盘摆在操作台上，分割肉的脂肪面朝下，将肉面对肉面叠放。或横着并排摆放。注意肉与肉要接以密，表面不要出现凹凸现象，同时还需考虑冻结会产生大约 10% 的体积膨胀，冻结多为接触冻结的方式，通过油压装置从上下两面同时加压，所以冻结肉的形状几乎是一样的。在撤盘时，由于肉和冷冻盘被冰粘在一起，不可能直接分离，可用自来水浇，或者放入脱盘罐，给以轻度振荡，使两者分离。然后将冻结肉浸渍于水中包冰膜（用 2 ～ 3mm 的薄冰层将冻结肉的表面保护起来）。通过这层冰膜可以使冻结肉与空气隔绝。由于冰膜会升华（成为蒸汽），时间一长其会全部消失，需经常加冰膜，尤其是冻结肉的角部冰膜的损失较快，每隔 2 ～ 3 分钟加 2 ～ 3 次薄冰，冰膜就会逐渐增厚，以达到 3% ～ 3.5% 的水平（冰膜升华量一年约为 2%）。

2. 畜肉冻藏

畜肉的冻藏一般在库内将其堆叠成方形货垛，下面用方木垫起，整个方垛距冷库的围护结构 40 ～ 50cm，距冷排管 30cm，空气温度为 -20 ～ -18℃，相对湿度为 95% ～ 100%，风速为 0.2 ～ 0.3m ／ s。如果长期贮藏，则空气温度应更低些。目前，许多国家的冻藏温度向更低温度发展（-30 ～ -28℃），而且温度波动很小。

（二）禽类的冻结和冻藏

1. 禽的冻结

冷却后的禽肉，同样不能长期保藏，其必须在较低的温度下进行冻结。禽的冻结方式在我国分吹风冻结、不冻液喷淋与吹风式相结合冻结两种。其中绝大多数采用吹风冻结。

（1）吹风冻结

经过冷却的胴体放在镀锌的金属盘内进行冻结。装盘时将禽的头颈弯回插到翅下，腹部朝上，使胴体平紧整齐地排列在盘内。在装箱时，要整块装入，勿使其散开。采用装箱冻结的禽，待冷却结束后，即可直接送到冻结间进行冻结。装在木箱中冻结时，其箱盖仍然是敞开的。冻结禽时，冻结间的温度一般为 -25℃或更低些，相对湿度在 85% ~ 90%，空气的流动速度为 2 ～ 3m ／ s。冻结时间一般是鸡比鸭、鹅等快些，在铁盘内比在木箱内或纸箱中快些。各种禽冻结终了时的胴体温度，一般在肌肉最厚部位的深处达到 -10℃即可。现在冻禽是在空气温度为 -40 ～ -35℃和风速为 3 ～ 6m/s 的情况下进行。冻结时间的长短因随禽体大小和包装材料的不同而异。冻结室的条件是：空气温度 -38℃；空气速度 4 ～ 6m ／ s；最初禽外温 7℃左右；最后禽体的中心温度 -20℃；在纸板箱内装 12 只用聚乙烯袋装的家禽，纸包鸡杂塞在膛内。包装在全密闭的、无气孔的纸板箱中，其冻结时间比单个包装冻结长 10 倍，纸板箱堆放时不留缝甚至可达 20 倍。

（2）不冻液喷淋与吹风式相结合的冻结

冻禽皮肉发红主要是缓慢冻结所致，因为家禽的成分中含有 70% 以上的水分，如果长时间在冷风中吹，水分极易蒸发，因而增强了禽体表面层的血红素浓度；另外，家禽的皮肤比较薄，脂肪层少，特别是腿肌部分，在缓慢冻结中血红素被破坏，并渗入周围肌肉组织中去。这是冻禽发红的主要原因。而且慢冻还导致组织中生成较大的冰结晶，对纤维和细胞组织有破坏和损伤作用。可采用悬式吊篮输送的连续冻结方式。冷冻工艺上采用不冻液喷淋和强力送风冻结相结合的方式，以及采用较低的冻结温度（-28℃）和较高的风速（6 ~ 7m / s）加以克服。禽的冻结工艺分 3 个部分连续生产流水线：一是为了保持禽体本色，袋装的禽胴体进入冻结间后首先被 -28℃强烈冷风吹十多分钟，使禽体表面快速冷却，起到色泽定型的作用；二是用 -25 ~ -24℃的乙醇溶液（浓度 40% ~ 50%）喷淋 5 ~ 6 分钟，使禽体表面快速冻结；三是在冻结间内用 -2℃空气吹风冻结 2.5 ~ 3 小时。

2. 禽的冻藏

禽肉冻结可用冷空气或液体喷淋完成。采用冷空气循环冻结的较多。禽肉体积较小，表面积大，在低温寒冷情况下收缩较慢，一般采用直接冻结工艺。从改善肉的嫩度出发，也可先将肉冷却至 10℃左右再冻结。从保持禽肉的颜色出发，应该在 3.5h 内将禽肉的表面温度隆至 -7℃。

禽肉的冻藏条件与畜肉的冻藏条件相似。冷库温度为 -20 ~ -18℃，相对湿度为 95% ~ 100%，库内空气以自然循环为宜。小包装的鸡、鸭、鹅可冻藏 12 ~ 15 个月，用复合材料包装鸡的分割肉可冻藏 12 个月。对无包装的禽肉，应每隔 10 ~ 15 天向禽肉垛喷淋冷水一次，使暴露在空气中的禽体表面冰衣完整，减少干耗等各种变化。

冷冻肉需要控制干耗、脂肪氧化和色泽变化。在 -5℃、-10℃和 -20℃下，其分别在 7、14 和 56d 后变色。采用隔绝氧气强的薄膜，可以减缓变色。薄膜材料应具备以下特征：较强的耐低温性，在 -30℃时仍能保持其柔软特性；较低的透气性，以满足隔氧和适应充气或真空包装的需要；水蒸气透过率低，以减少冷冻肉的干耗。常用的包装材料有聚乙烯、聚丙烯、聚酯、尼龙或含铝复合材料。常用的包装方式有收缩包装、充气包装和真空包装。包装材料紧贴在肉的表面，可有效地减少冷冻肉的干耗。

（1）包装冻藏

有包装的易于堆放，一般都是每 100 箱堆成一垛。为了提高冻藏间有效容积的利用率，每垛也可堆入得更多些。在堆放时，垛与垛之间，垛与墙排管或顶排管之间，应留有一定的间距，最底层应用垫木垫起。

（2）无包装冻藏

堆垛成后，可在垛的表面镀一层冰衣把胴体包起来，以隔绝胴体与空气的直接接触，这样不仅可以减少胴体在冻藏时的干耗，同时还可以适当延长保藏的时间。冻禽垛镀包冰衣的方法很简单，用喷眼很小的喷雾器将清洁的水直接喷洒到胴体的表面即可。在整个冻藏过程中镀包冰衣的次数，视冻藏间的温度和冰的升华情况等而定，一般是 10 ~ 15 天镀一次冰。

冻藏间的温度应保持在 -18 ~ -15℃左右，相对湿度不得有较大幅度的波动。冻藏的时间与禽的种类及冻藏间温度有关。一般是鸡比鸭、鹅耐藏些。冻藏间的温度愈低，愈有利禽的长期冻藏。

（3）冻藏中的变化

①胴体颜色的变化。

表面变红，这是放血不当和冷却不良造成的；冷却皮层上有棕色的斑点，这是损伤了表皮、淋巴液渗出的缘故。表面发黑在冷却和冻结的家禽中都有可能发生。这是水分损失或表面层中的大冰晶所造成的。冻结烧可能是冻结家禽最常见的缺点。冻结烧的最初形式只是在外观上，在解冻后残留黄灰色斑点，进一步的冻结烧会发生其他质量方面的变化，例如变味、发干、发硬等，这些缺陷无法恢复。防止或减少冻结烧的主要方法是：将禽胴体放在能防水汽的包装内；用稳定和适合家禽特性的贮藏温度；冻藏间内保持恰当高的相对湿度。解冻的幼禽在骨头和附近组织常呈现紫色，在烹煮后转为棕色。冻结和解冻工序从骨髓细胞中释出血红蛋白及松弛骨组织，就会使色素移动。烹煮加热时，血红蛋白转变为棕色的正铁血红蛋白，但味道和香味不受影响。骨头变暗可用液氮快速冻结或在快速解冻后立即烹煮的办法来解决。

②风味和香味的变坏。

饲料中不饱和甘油酯（特别在鱼粉中）的存在，冷却时间短、取出内脏缓慢，在不适当的冷却贮藏条件下被微生物污染，贮藏温度高，贮藏时间长，不适合的包装，严重的冻结烧等原因造成禽肉在冻藏中酸败。

③干缩损耗。

特别是无包装的胴体，在较长时间冻藏过程中，干缩损耗是较为严重的。胴体内水分过量的蒸发，不单纯使重量减少，而且使肌肉的品质变次。

（三）鱼类冻藏

鱼类冻结常采用冷空气、金属平板冻结法或用低温液体浸渍与喷淋。空气冻结往往在隧道内完成，鱼在低温、高速空气的直接冷却下快速冻结。冷风温度一般在 -25℃以下，风速在 3 ~ 5m / s。为了减少干耗，相对湿度应该大于 90%。在隧道内鱼均由货车或吊车自动移送和转向，机械化程度高。金属平板冻结是将鱼放在鱼盘内压在两块冷平板之间，靠导热方式将鱼冻结。施加的压力在 40 ~ 100kPa，冻结后的鱼外形规整，易于包装和运输。与空气冻结比较，金属平板冻结法的能耗和干耗均比较少。低温液体浸渍或喷淋冻结可用低温盐水，特点是冻结快，干耗少。

冻结后鱼的中心温度在 -18 ～ -15℃，少数多脂鱼可能要求冻结至 -40℃左右，然后镀冰衣。对于体积较小的鱼或低脂鱼可在约 2℃的清水中浸没 2 ～ 3 次，每次 3 ～ 6s。大鱼或多脂鱼浸没一次，浸没时间 10 ～ 20s。在镀冰衣时可适当添加抗氧化剂或防腐剂，也可适当添加附着剂（如海藻酸钠等）以增强冰衣对鱼体的附着。在冰藏中还应定时给鱼体喷水。对近出入口、冷排管等处的鱼，其冰衣更易升华，因此，更应及时喷水加厚。

鱼的冻藏期与鱼的脂肪含量关系很大。对于多脂鱼（如鲭鱼、大马哈鱼、鲱鱼、鳟鱼），在 -18℃下仅能贮藏 2 ～ 3 月；而对于少脂鱼（如鳕鱼、比目鱼、黑线鳕、鲈鱼、绿鳕），在 -18℃下可贮藏 4 个月。一般冻藏温度是：多脂鱼在 -29℃下冻藏；少脂鱼在 -23 ～ -18℃冻藏；而部分肌肉呈红色的鱼应在低于 -30℃下冻藏。

（四）果蔬冻藏

多数果蔬经过冻结与冻藏后将失去生命的正常代谢过程。果蔬品种、组织成分、成熟度等的不同对低温冻结的承受能力差异很大。如质地柔软的西红柿，即使用更低的冻结与冻藏温度，解冻后质量也很差，不适合冻结。豆类适合冻藏，解冻后与未冻结的豆类几乎无差别。应该选择适合冻结与冻藏的果蔬品种。冻结过程对果蔬细胞的机械损伤和溶质损伤较为突出。因此果蔬冻结多采用速冻工艺，以提高解冻后果蔬的质量。果蔬应在完熟阶段采摘、冻结和冻藏。在冻结与冻藏前，多数蔬菜要经过漂烫处理，而水果更常用糖处理或酸处理。果蔬的速冻通常采用流态化冻结，其在高速冷风中呈沸腾悬浮状，达到了充分换热快速冻结的目的。此外，也采用金属平板接触式冻结及低温液体浸渍或喷淋的冻结方法。

果蔬在冻藏中温度越低，品质保持得越好。对于大多数经过漂烫等处理后的果蔬，可在温度 -18℃下，冻藏 12 ～ 18 个月。少数果蔬（如蘑菇）必须在 -25℃以下才能跨年冻藏。为减少冻藏成本，-18℃是广泛采用的冻藏温度。为防止脱水，搬运方便，速冻果蔬需要薄膜包装，薄膜要求在低温下柔软耐破。常用的有聚乙烯和乙烯 - 醋酸乙烯共聚物薄膜等。对耐破度和阻气性要求较高的场合，如包装笋、蒜薹、蘑菇等也可以用尼龙或聚酯与聚乙烯复合的薄膜。外包装常用涂塑或涂蜡的防潮纸盒，以及用发泡聚苯乙烯作为保温层的纸箱包装。

四、冻结食品的解冻（thawing）

在 0℃时水的热导率［0.561W /（m·K）］仅是冰的热导率［2.24 W /（m·K）］的四分之一左右，因此，在解冻过程中，热量不能充分地通过已解冻层传入食品内部。此外，为避免表面首先解冻的食品被微生物污染而变质，解冻所用的温度梯度也远小于冻结所用的温度梯度。因此，解冻所用的时间远大于冻结所用的时间。

冻结食品在消费或加工前必须解冻，解冻状态可分为半解冻（-5℃）和完全解冻，应尽量使食品在解冻过程中品质下降最小。解冻过程出现的主要问题是汁液流失（extrude 或 drip loss）；其次是微生物繁殖；第三是酶促或非酶促等不良生化反应产生。除了玻璃化低温保存和融化外，汁液流失一般是不可避免的。造成汁液流失的原因与食品的切分程度、冻结方式、冻藏条件及解冻方式等有关。切分得越细小，解冻后表面流失的汁液就越多，冰晶对细胞组织和蛋白质的破坏就越小。解冻后，水也会缓慢地重新渗入细胞内，在蛋白质颗粒周围重新形成水化层，减少汁液流失，保持较好品质。解冻常用方法有：

1. 空气和水解冻

空气和水解冻以对流换热方式进行。空气解冻多用于对畜胴体的解冻。一般空气温度为 14 ～ 15℃，相对湿度为 95% ～ 98%，风速在 2m ／ s 以下。风向有水平、垂直，送风时可换向。水解冻适用于有包装的食品、冻鱼及破损小的果蔬菜的解冻。采用浸渍或喷淋方式时，水温一般不超过 20℃，其速度快，可避免重量损失。如果直接接触食品，则食品中的可溶性物质会流失，食品吸水后会膨胀，会导致微生物污染等。

2. 电解冻

电解冻包括高压静电解冻和电磁波解冻。高压静电（电压 5000 ～ 100000V；功率 30 ～ 40W）强化解冻在解冻质量和解冻时间上远优于空气解冻和水解冻，解冻后，肉的温度较低（约 -3℃）；在解冻控制上和解冻生产量上又优于微波解冻和真空解冻。日本已将其用于肉类解冻。电磁波解冻包括电阻解冻（也称低频解冻，electrical resistance thawing，50 ～ 60Hz）、介电解冻（也称电介质加热解冻，或高频解冻，dielectric thawing，1M ～ 50MHz）和微波解冻（microwave thawing，915M 或 2450MHz）。电阻解冻是将冻结食品视为电阻，利用电流通过电阻时产生的焦耳热，使冰融化。其要求食品表面平整，内部成分均匀，否则会出现接触不良或局部过热现象。所以常先利用空气解冻或水解冻，使冻结食品表面温度升高到 -10℃左右，然后再利用电阻解冻。这不但可以改善电板与食品的接触状态，还能减少随后解冻中的微生物繁殖。介电解冻和微波解冻是在交变电场作用下，利用水的极性分子随交变电场变化而旋转的性质，产生摩擦热使食品解冻。利用这种方法解冻，食品表面与电极并不接触，而且解冻更快，一般只需真空解冻时间的 20%。

3. 真空或加压解冻

真空解冻是利用真空室中水蒸气在冻结食品表面凝结所放出的潜热解冻。它的优点是：①食品表面不受高温介质影响，而且解冻快；②解冻中减少或避免了食品的氧化变质；③食品解冻后汁液流失少。它的缺点是：解冻中解冻食品外观不佳，且成本高。

一般情况下，小包装食品（如速冻水饺、烧卖、汤圆等），冻结前经过漂烫的蔬菜或经过热加工处理的虾仁、蟹肉，含淀粉多的甜玉米、豆类、薯类等，多用高温快速解冻法，而较厚的畜胴体、大中型鱼类常用低温慢速解冻法。

第二节　高脂肪食品和焙烤食品贮藏

高脂肪食品中的油脂容易氧化，这是导致食品质量下降、影响贮藏的关键因子。油脂本身成分、外界环境、包装等都会影响这些食品的保存。焙烤食品除了含高油脂外，一些产品含水分较多，还存在微生物危害，例如烤禽食品、坚果炒货、糕点在贮藏时容易促使微生物生长。有些含有淀粉的焙烤食品，例如面包还可能存在老化问题。

一、高脂肪食品贮藏

（一）油脂劣变

食用油脂或油脂制品，有时需要长时间的储存。在储存期间，食用油脂制品会发生以氧化为主体的各种反应，会引起外观、实用性和营养等往坏的方面发展，这些现象被称作油脂的劣变。油脂的劣变不仅会产生各种异味、臭味，引起色泽的变化，而且还可能产生毒性。

1. 油脂气味劣变

食用油脂及其制品在贮藏过程中产生的各种不良气味被称为“酸败臭”和“回味臭”。“回味臭”是在氧化酸败的初期阶段所产生的气味，当氧化酸败到一定深度，便产生气味强烈的“酸败臭”。

油脂产生“回味臭”所需要的氧量要比产生“酸败臭”所需要的氧量小得多。例如大豆油，生产回味时，油脂的过氧化值为 1 ～ 2，而酸败时的过氧化值在 20 以上；另外，“回味臭”与“腐败臭”的气味成分也存在很大差异。

（1）回味臭

“回味”一词来自鱼油。鱼油精炼油在储存过程中会产生鱼腥味，因这种腥臭味与精炼前的粗鱼油气味很相似，故称此气味为“回味臭”。精制大豆油氧化初期的气味类似于淡的豆腥味，也称其为“回味臭”。

豆油、玉米油、花生油、菜油、亚麻籽油等都会发生回味臭。回味臭的主要成分是2-戊烯基呋喃，它是亚麻酸酯自动氧化的产物。引起回味臭的物质除亚麻酸外，尚有磷脂、不皂化物、氧化聚合物等。氧化后的植物油在储存过程中也会出现回味臭。研究者认为这种回味臭与氧化油中含异亚油酸有关。

（2）酸败臭

油脂在氧气充足的状态下贮存一定时间后，吸收大量的氧，从而产生强烈的刺激臭。这种现象称为酸败，也叫“发哈”。随着油脂氧化程度的加深，酸败气味加剧。除了自动氧化机制产生的酸败，还有水解酸败和酮类酸败。

①自动氧化酸败。

酸败臭不是由某种特定成分产生的，而是多种成分气味的复合体。对大豆油酸败形成的刺激臭的分析表明，其组分可分成 3 个部分，即酸性成分——游离脂肪酸、羰基成分和非羰基成分。①羰基成分的气味与酸败臭极为相似，但刺激较小。酸败臭与饱和羰基成分的关系不大，主要与非饱和羰基成分的气味相似。这些羰基成分是 C4 到 C9 的单烯醛、二烯醛和不饱和酮，也含有一些饱和醛。②酸性组分有强烈的刺激臭，在其中检出了乙酸、丙酸、丙烯酸、丁酸、丁烯酸、戊酸、戊烯酸和己酸等。③非羰基部分带豆腥味，主要是饱和及不饱和醇，有正戊醇、1- 辛烯醇、1- 戊烯醇等。

②水解酸败。

水解酸败主要发生于人造奶油、奶油、起酥油等不饱和度较小的油脂制品中。这些油脂在酶的作用下生成丁酸、己酸和辛酸，从而产生恶臭。椰子油等月桂酸系油脂，在贮藏过程中由于水解会产生肥皂味，这是月桂酸和豆蔻酸的存在引起的。氢化椰子油在 5 ~ 7℃的低温中保存 1 ~ 2 个月时则会产生汗臭味。这种气味是由低级脂肪酸水解产生的。

③酮类酸败。

酮类酸败主要发生在含 C5—C14 的低分子饱和脂肪酸的油脂中，如奶油、椰子油等。这种酸败，是在微生物作用下产生的。酮类酸败与自动氧化酸败存在着本质的区别，它是低分子饱和脂肪酸在霉菌的作用下发生 β 氧化的结果。如椰子油在灰绿青霉的作用下能发生酮酸败而产生恶臭。这些酮臭成分是 C5、C7、C9、C11 的甲酮，它们分别由 C6、C8、C10、C12 饱和酸的 β 氧化而产生。除甲酮外，尚有 δ - 内酯。

油脂的酸败（主要是由自动氧化引起的酸败）不仅会使油脂气味变劣，而且酸败程度严重的还会产生毒性。现已确认毒性主体是氧化酸败过程中产生的各种过氧化物。动物试验表明，这种毒性主要表现在对以消化器官为主的内脏组织的侵害。

2. 油脂色泽劣变

食用油脂经脱胶、脱酸、脱色、脱臭等精炼工序之后，颜色逐渐变浅，最终制品的色泽一般为淡黄或金黄色。油脂的色泽是判断油脂精炼程度和油脂品质的重要标志之一。

精炼油脂在贮存过程中，颜色又会逐渐变深（着色），这种着色现象被称作“回色”。变深的速度受空气、温度和光线的影响。变深时间少则数小时，长则半年左右。回色的速度与油脂接触空气(氧)的程度和贮存温度呈正相关。另外，油中的微量金属，如铁、铜的存在能促进油脂回色。油脂回色现象的本质与生育酚氧化有关。制备油脂的油料水分含量高，油脂回色速度快，回色也严重。

（二）影响油脂在储存中劣变的因素

影响食用油脂制品劣变的因素主要有油脂的组成和油品贮存条件。

1. 油脂的组成

（1）油脂的种类和脂肪酸组成

油脂在储存过程中的氧化对不同的油脂有不同的影响。图 5-3 是几种油脂保存稳定性的比较曲线。

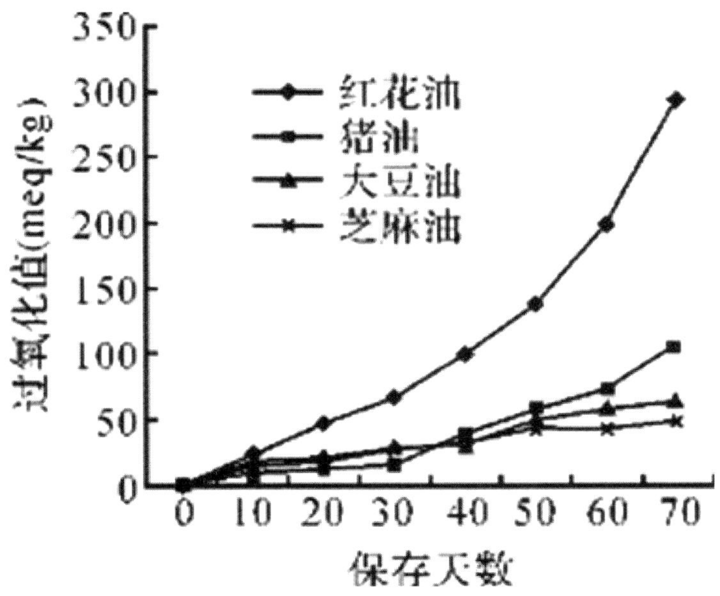

图 5-3　各种油脂加工的糕点保存稳定性

油脂的氧化速度不仅与组成油脂的脂肪酸的不饱和程度有关，而且与脂肪酸在甘油基上的分布位置有关，同样是单烯酸，反式酸形成的酯较顺式酸形成的酯稳定性大。不饱和脂肪酸位于 α 位或 α′ 位的酯较不饱和脂肪酸位于 β 位的酯容易被氧化。

（2）天然抗氧化剂含量

不管是哪类油脂，其稳定性一般均随碘值的升高而降低，但亦并非绝对如此。因为油脂中所含天然抗氧化剂的多少也会影响它的稳定性。

食用油脂所含的类脂物中，有不少成分在一定的贮存期对油脂起着抗氧化的作用。例如生育酚是一种很好的天然抗氧化剂。芝麻油中的芝麻酚亦具有很强的抗氧化力。食用油脂中天然抗氧化剂的含量越高，其稳定性就越好。一般地说，植物油脂的不饱和程度较动物油脂高，但其稳定性却反而高于动物油脂，这就是因为植物油脂中普遍存在着微量的天然抗氧化剂。为了提高食用油脂的氧化稳定性，在精炼工艺中应尽可能地保留生育酚等天然抗氧化剂，也可以适量添加一些国标允许的合成抗氧化剂或抗氧化增效剂。

（3）微量的金属

微量的金属也会促使油脂氧化，应注意在食用油脂精炼过程中去除金属离子。另外，在氢化过程中使用的金属催化剂会进入油脂，尤其是用铜做催化剂进行的选择性氢化时，问题更大。

2. 储存的条件

食用油脂及油脂制品的贮存条件有温度、光线、氧气浓度等，它们对油脂的劣变有很大影响。对人造奶油和蛋黄酱来说，微生物的作用和机械性外力的作用也是引起变质的外因。

（1）温度的影响

随着温度的上升，油脂的氧化明显加快。温度每上升 10℃左右，氧化速度便增加一倍。

（2）光线的影响

光线特别是紫外线的照射，能促进油脂的氧化。光线的这种作用很强烈。在油脂中一些光敏剂的参与下，光将氧分子活化，引起油脂的光氧化反应。

光线对油脂氧化的影响，随着光线的波长和照度的变化而异。波长短、能量高的光线促氧化的能力强。表 5-1 显示了各种波长的光线照射 24 小时后对油脂品质的影响。由表可见波长在 500 纳米以下的光线对油脂氧化影响较大。为了抑制光线对油脂的氧化促进作用，至少要遮断波长在 550 纳米以下的光线。光线照度对油脂氧化速度的影响也十分明显，见图 5-4。

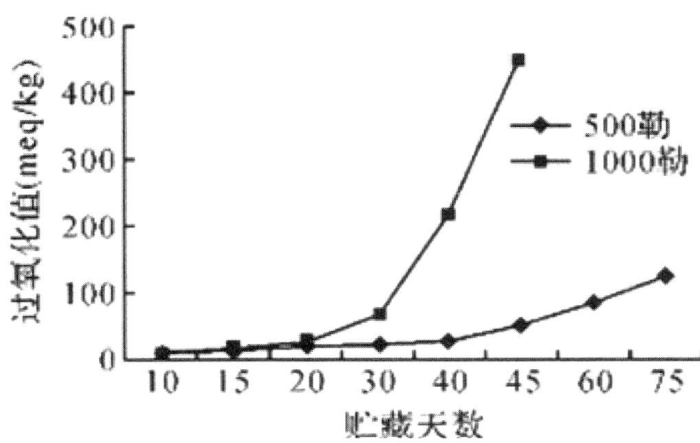

图 5-4　荧光灯的照度对油脂过氧化值的影响

表 5-1　不同波长的光线对油脂品质的影响

透过光线的波长范围（纳米）	油脂过氧化值（毫克当量 / 千克）	
	玉米油	棉籽油
360~520	20.9	17.6
420~520	8.7	12.4
490~590	4.5	8.1
580~680	1.1	3.1
680~790	1.0	2.1

（3）氧气浓度的影响

降低空气中的氧气浓度能抑制油脂氧化。当氧气浓度在 2% 以下时，氧化速度明显降低。长期贮存油脂制品时，有必要考虑包装内的氧量与被包装物中的油脂总量的比率。油脂在包装容器内密闭贮存是十分必要的。同时，盛装油脂制品的容器或盛具应尽可能装满，以减小油面上空气（氧气）的绝对体积。另外，还应该看到油脂在常温下能溶解本身体积 10% 左右的气体，这也是造成油脂氧化的氧气来源。如果在贮存前对食用油脂进行脱气处理，然后用惰性气体覆盖贮存，其保存期将大大延长（见图 5-5）。

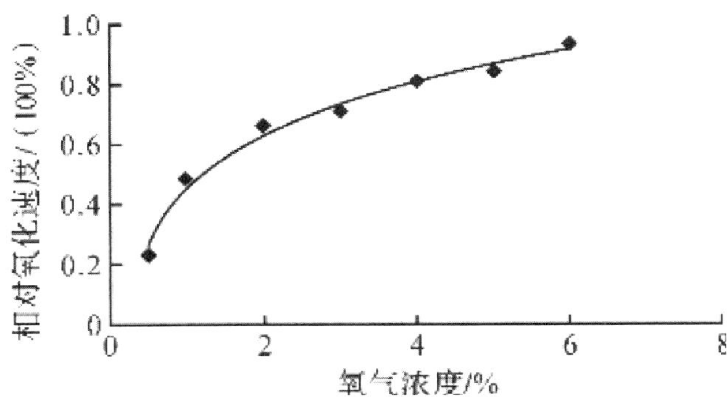

图 5-5　氧气浓度与亚油酸氧化速度

（4）细菌作用的影响

人造奶油和蛋黄酱，一旦被细菌污染，不仅会引起酸败，其还会因细菌的增殖而腐败、变味，甚至产生腐败恶臭。产品表面还会出现斑点，变质后的制品不能食用。为防止细菌的污染和增殖，要求在整个制作过程中注意卫生，严防细菌侵入；包装时要求使用无菌包装材料；此外，人造奶油中可通过添加一定量的防腐剂，如苯甲酸、山梨酸或它们的钠盐，以及采用低温贮藏等方法来抑制细菌的繁殖。

为了严格掌握产品的卫生质量，要做贮藏检查。方法是在贮藏前对批量产品进行细菌检查，如果合格，则在20℃温度下贮藏15天后再进一次做细菌检查。如果第二次检查的细菌量不超过第一次的2倍，则产品可称卫生品质稳定。

（5）机械作用的影响

人造奶油是一种固体物质，有一定的硬度，但同时还具有可塑性。人造奶油从物理结构上犹如海绵，质地松软，分别由固体晶格和流动部分构成，在受到机械挤压作用时，表面必然会有油渗出，这种现象称之为油的“渗出”。这不但影响品质，还会导致包装物外出现油渍。防护措施有以下几种：①进行低温贮藏以提高其硬度；②限制堆砌托盘的层数，以减低下层压力；③使用不易变形的纸盒或塑料盒包装。人造奶油上表面与盒装的间距为5毫米，以避免产品本身承受上托盘的重量。

（三）油脂食品的包装

用于食用油脂和油脂制品包装的材料（容器）主要有纸容器、金属容器、玻璃瓶、塑料薄膜和塑料容器等。

1. 金属容器和玻璃瓶

由于金属罐和玻璃瓶具有隔绝性能好、机械适应性强等优点，在油脂包装中它们占主流。

食用油的出厂和市售包装，绝大多数采用铁质桶装。桶容量为230kg。空桶中残留的变质油脚、铁锈和水分等容易造成对油脂的污染。因此，装桶前空桶必须清洗和干燥。装桶时，要考虑油脂热胀冷缩的因素，同时尽可能减少桶中的空余体积。桶盖要严格密封。铁桶如果有微量铁质溶于油中，则会促使油脂氧化劣变。铁桶内壁需要涂环氧酚醛树脂。

零售食用油脂包装以玻璃、塑料为主。玻璃瓶为了美观，多采用无色透明玻璃制成。而从避免光照、延长油脂贮存安全期出发，则应采用棕色或绿色玻璃。玻璃瓶的形状一般采用细口瓶，以减少瓶中氧气。零售食用油使用聚酯塑料瓶包装已经成为主流。另外也有用金属罐包装的，如马口铁皮罐内壁喷涂环氧酚醛树脂涂料。

2. 塑料薄膜和塑料容器

液体油脂包装材料中，聚酯塑料容器占主导地位，也有大量以聚氯乙烯、聚乙烯等原料加工成型的塑料杯或塑料薄片容器，常用于家用人造奶油的包装。人造奶油也可用羊皮纸或铝箔包装成块状后放入硬纸盒内销售。目前，国内外所广泛采用的复合薄膜包装材料，也已应用于油脂制品的包装中。如聚酯 / 聚乙烯 / 铝箔 / 聚乙烯复合薄膜，已用于人造奶油包装。蛋黄酱采用容易挤出食品的隔绝性能好的乙烯 - 乙烯醇共聚物的多层软质塑料瓶包装。

3. 纸容器

加工半透明纸、蜡纸和羊皮纸（硫酸纸）具有良好的耐油性和耐潮性，适用于包装呈固体或半固体状的人造奶油和一些冷冻油脂制品。纸杯、纸盒，常在其内外侧涂蜡、聚乙烯，或者用复合材料制成。

（四）油脂食品的安全保存

油脂的氧化酸败是食用油脂劣变的最主要原因，对不饱和程度较高的食用油脂来说尤其是如此。因而我们可以用选择性的轻度氢化的方法来提高这类食用油脂的稳定性。同时，尽可能减少氧的供给，推迟氧化反应的发生。

1. 隔绝氧气和充氮保存

用惰性气体充填到油脂制品的包装容器中去，是尽可能减少氧供给的一种手段。常用的惰性气体为氮气。对食用油脂及油脂制品（包括油脂食品）进行氮处理应注意几个问题：

（1）充氮以降低氧气浓度，抑制油脂的氧化。氧气浓度降低到 1% ~ 2%，油脂氧化速度才会明显降低。对于含油脂量不大而包装内空余体积较大的油炸食品，仅控制氧气浓度收效不大，需要充氮气和吸氧剂。

（2）包装材料本身的气体隔绝性能要好。对于用罐、瓶包装的食用油脂来说，上部空间容积的氧气（约占空间体积的 1 / 5）与油脂中的溶解氧加在一起，油脂的过氧化值也不超过 4 ~ 6 毫克当量 / 千克，虽能引起油脂回味，但不致造成酸败。因此，对用罐、瓶包装的油脂不用会增加成本的充氮包装。

（3）在充氮包装的同时应严格采取遮光措施。对稳定度（AOM）好的油脂来说，遮断光线比进行充氮包装更为有效。

2. 稳定剂及其使用

向食用油脂及其制品中添加的适量的抗氧化剂和增效剂，统称为稳定剂。添加稳定剂是推迟油脂氧化反应发生的一种有效手段。

稳定剂从机能上可分为以下几类：①抑制自动氧化的链式反应的游离基抑制剂，

例如丁基羟基茴香醚（BHA）、二丁基羟基甲苯（BHT）、没食子酸丙酯（PG）、α-叔丁基氢醌（TBHQ）、茶多酚、维生素E等；②将过氧化物分解成非游离基，使之失去活性的过氧化物分解剂，如硫代二丙酸二月桂酯；③氧清除剂，例如亚硫酸盐、L-抗坏血酸、β-胡萝卜素等；④使铜、铁等具有促进氧化作用的金属离子失去活性的金属减活剂，如柠檬酸、苹果酸、植酸、磷酸等。其中①②③常称为抗氧化剂；④常称为增效剂。无论是罐装还是瓶装，在选择和使用稳定剂时应注意以下几点：①针对具体的油脂，选择抗氧化效能高的抗氧化剂。如含亚油酸较多的半干性油脂，用BHA、BHT、PG时效果不如用TBHQ好；而含亚油酸较少的棕榈油、花生油等油脂，使用BHA、BHT的效果好。②选用油溶性大的抗氧化剂，以便使油脂各部分都得到均匀的保护。即使某些抗氧化剂能直接溶于油脂中，也最好使其先溶于适当的溶剂中后再加入油中，以便更充分更均匀地分布于油中。③应尽量选用不改变油脂本身色、香、味的抗氧化剂。某些抗氧化剂如PG在遇到金属离子时会变成深色物质，因此宜与柠檬酸合用，以抑制金属的活性。④加入稳定剂的时间要适当。抗氧化剂的作用是消除游离基，因此在油脂精炼后要及时加入。它在油脂氧化的诱导期才能起作用，如油脂已进入酸败，则再加入抗氧化剂，也就毫无意义了。⑤添加的方法要适当。一般是先用少量油脂将抗氧化剂溶解，用水或乙醇将增效剂溶解，然后借用真空将两种溶液吸入冷却到120℃以下的脱臭油中，搅拌均匀，充分发挥其作用。添加量必须严格控制在国家标准或有关规定的范围之内。

3. 遮光和低温

避光是防止油脂氧化劣变的重要环节。对用玻璃瓶、塑料瓶或薄膜材料包装的油品，应注意放在阴暗处保存，尽可能避免阳光的照射。温度升高能明显地促进油脂氧化，食用油脂及其制品要尽可能贮藏在低温及通风处。在露天大油罐的表面应涂上银白色油漆，以减少辐射热量的传入。

4. 油脂包装

油脂包装主要是防止氧化酸败。包装要做到密闭、隔绝空气、避光，其中首要的是隔绝空气。油脂大容量包装都是用铁桶，销售包装基本使用玻璃瓶和聚酯瓶。动物油脂包装也常使用聚酯复合薄膜封袋。黄油包装主要防止霉菌侵染。牛皮纸涂PVDC或石蜡，紧密地贴在黄油表面上，否则会出现冷凝水，出现霉点，其也防止过量的蒸发，避免黄油表面硬化。包装黄油时或使用聚丙烯或聚氯乙烯杯形容器，或用ABS制成的黄油包装容器。

（五）具体高油脂食品贮藏

奶油、人造奶油、蛋黄酱、色拉油调料、多脂肪鱼类、巧克力等食品富含脂肪，脂肪中的不饱和脂肪酸极易在常温下发生自动氧化酸败，使产品变质。高脂肪食品的贮藏应遵循两条原则：一是保持低温，例如猪油在 -18℃的冷库中才能较长期保存，将多脂肪鱼类保藏在 -30℃以下低温冷库中是一种发展趋势；二是隔绝氧气，保持用真空包装或充气包装。

1. 奶油、人造奶油、起酥油及油炸用油

从牛乳中分离出来的奶油含脂肪 30% ~ 35%，搅拌破坏稀奶油中的天然乳化性，结果脂肪球群集而形成小的奶油颗粒。这些颗粒逐渐增大，并从稀奶油的水相中分离出来。搅拌在 10℃下操作，奶油颗粒在搅拌机内捏合在一起而形成大块的固体脂肪。奶油的脂肪必须全部是乳脂肪，而且成品必须含有以重量计不低于 80% 的乳脂肪。色素和盐可酌加。

人造奶油主要用经过氢化或结晶的植物油制成，也可以与少量的动物脂肪混合。人造奶油必须含有不低于 80% 的脂肪。制备时需两种混合物，一是油和各种油溶性辅料的混合物，二是水和所有水溶性辅料的混合物。两者放入槽内剧烈搅拌使之乳化，并快速冷却，使脂肪凝固和塑化。

人造奶油是一种焙烤用起酥油。人造奶油的香味主要来自其成分中的牛乳辅料。其他焙烤用起酥油并不含有牛乳辅料，故毫无香味。有些焙烤用起酥油全部用植物油制成，其他起酥油则用猪油制成，许多起酥油采用植物脂肪和动物脂肪混合制成。乳化的起酥油可含有甘油一酸酯、甘油二酸等。起酥油需要容纳空气，其塑性稠度可增强空气容纳能力。有较大的塑化范围的起酥油适用于焙烤。具有较小的塑化范围和低熔点的起酥油适用于油炸食品，其油腻味较轻。油炸用油脂不添加甘油一酸和甘油二酸，因其会分解而冒烟，一般采用氢化法，添加聚甲基硅酮类消泡物质。

盐分约为最终奶油的 2.5% 水平，这既有助于提高风味，又起防腐剂的作用。所有的盐在小水滴中成为溶液，由于水量仅约 15%，水分中的盐浓度实际约为所加 2.5% 盐的 7 倍。在小水滴中，如此浓度的盐是一种很强的防腐剂，基本上可以防止腐败菌在这些小水滴中生长。但是该含盐量还不足以防止败坏，依旧容易出现霉斑、异味。因此，奶油装桶或装大纸箱，也可用一种奶油包装机包装成小单位。未开封的奶油一般在 -18℃下冷冻，打发后，只能在 2 ~ 7℃下冷藏 3 天。其他油脂贮藏类似奶油。

2. 蛋黄酱和色拉调料

在美国，蛋黄酱的特性标准要求这种乳化的半固体食品由植物油、醋酸或柠檬酸和蛋黄制成，还可含有盐、天然甜味剂、香辛料及各种天然的调味料。含油量不可低于蛋黄酱重量的 65%。酸是一种维生素防腐剂，其含量必须达到蛋黄酱重量的 2.5%，蛋黄提供乳化性能，还赋予蛋黄酱一种浅黄色泽，这种色泽不可用其他辅料来假冒或增强。

商品蛋黄酱一般含有 77% ～ 82% 冻凝色拉油，5.3% ～ 5.8% 液体蛋黄，2.8% ～ 4.5% 含有 10% 醋酸的醋，少量的盐、糖和香辛料，再加水至 100%。

蛋黄酱依靠其含酸量抑制微生物败坏，但它对氧化变质极为敏感，因此开瓶后必须冷藏。另外蛋黄酱容易变质、变味，需用高阻气性包装材料进行包装。例如玻璃瓶、复合共挤吹塑瓶、复合片材热成型容器。

二、焙烤产品贮藏

焙烤食品是以面粉为原料，添加糖、油脂、鸡蛋等辅料及水制成面团，经发酵（或不经发酵）成型后，通过 160 ～ 260℃的高温焙烤熟化，最后经冷却、包装而生产出来的一类产品。

虽然面包、蛋糕等焙烤产品经过高温熟化过程，原料中的微生物几乎被彻底杀灭，但因其水分含量较高（面包中水分含量高达 35% ～ 45%），如果冷却、包装和贮藏的方式不妥当，极易再次被空气中的霉菌污染而发霉变质。面包类制品在贮藏过程中还会缓慢地发生淀粉的老化作用。

饼干、糕点等水分含量较低的焙烤产品，在贮藏期间会吸潮而降低制品的松脆度，产品中的油脂成分遇氧气会缓慢地氧化而产生酸败气味。所以，包装材料的性能（如阻气性、防潮性、热合性、机械强度等）会直接影响制品的贮藏稳定性。

（一）糕点的劣变与贮存

1. 糕点的劣变

（1）干缩

水分含量较高的糕点，如蒸制品蛋糕、糕团类等品种在空气的相对湿度过低，尤其在空气流动较大的地方存放时，糕点中的水分损失严重，出现皱皮、僵硬、减重等现象称为干缩。糕点干缩后不仅外形起了变化，口味和风味也显著降低。

（2）回潮

糕点中含水量较少的品种，如饼干、酥类、松脆品及粉制品、糖制品等，在保管过程中，如果空气相对湿度较高时，便会吸收空气中的水汽而引起回潮。回潮后不仅色味都要降低，而且会失去原有的特殊风味，甚至出现软塌、变形、发韧、结块现象，不能供应市场。

（3）走油

很多含油量多的糕点，在保管中常常发生走油现象。分布在糕点中的油脂，是呈微滴状存在的，油脂的表面张力较大，这些油脂的微滴，总有一起聚集而呈大滴的趋向，大滴的油脂便要从糕点中游离出来，造成走油现象。放置时间延长或温度升高，都会促使走油。糕点走油后，会失去光泽和原来的风味。

（4）霉变

糕点在贮存过程中，受细菌等微生物污染后，微生物极易生长繁殖，特别是含水量较高的品种在温度高的情况下，微生物繁殖得更快，这就是通常所说的发霉。

（5）油脂氧化和变味

糕点在贮存过程中，油脂发生自动氧化使产品出现不良的气味和滋味。如果糕点和其他有强烈异味的物质存放在一起也能吸收异味。

（6）脱色

脱色指糕点在存放过程中失去了原有色泽而变得乌暗、组织粗劣，这种现象在橱窗陈列中最为显著。其中油脂酸败和色素褪色也是一个重要原因。

（7）虫蛀

糕点遭受虫蛀现象，除了由原料不洁带来的虫卵等原因外，主要是有些品种具有浓郁的香味，易于引来昆虫，存放时更易为虫所蛀蚀。

2. 糕点的包装

木盘、木箱、铁箱、硬质塑料箱：这类包装材料坚硬，包装容器不使糕点受到任何挤压和破坏，使用较普遍。

纸盒和纸板箱：纸盒包装糕点是比较普遍的，其适宜包装质量较轻的如蛋糕类品种，纸板箱用于运输包装。

马口铁听和塑料盒：这类材料用于销售包装，其隔绝氧气和防潮性好。马口铁听和塑料盒适用于要做较长期的保存和运输，使糕点保持原来品质的高档产品和出口产品。

耐油软纸和塑料袋：软纸包装在糕点上的应用也较为广泛，其耐油并防潮。塑料袋用氯乙烯塑料薄膜制成，防走油性能好，适宜包装小块、干性的糕点。

3. 糕点的抗氧化

（1）抗氧化剂

油脂在糕点中表面积很大，使其特别容易受氧化。防止糕点被氧化，应着重从原材料、生产工艺、包装和保藏等环节上采取相应的避光、降温、干燥、焙烤、排气、充氮、密封等措施，同时也要适当地配合使用一些安全性高、效果大的抗氧化剂，来延长贮存期限，提高产品质量。

①抗氧化剂的种类。

油溶性抗氧化剂能均匀地分布于油脂中，对油脂或含脂肪的糕点可以很好地发挥其抗氧化作用。主要有丁基羟基茴香醚（BHA）、二丁基羟基甲苯（BHT）、没食子酸丙酯（PG）、生育酚等。

②使用抗氧化剂的注意事项。

在早期阶段使用抗氧化剂，因为抗氧化剂只能阻碍氧化作用，延缓酸败的时间，不能改变已经酸败产品的质量。

在植物油中使用酚型抗氧化剂时，若同时添加某些酸性物质，则其效果显著提高。这些酸性物质称为增效剂，如柠檬酸、磷酸、抗坏血酸等，因为这些酸性物质能与促进氧化的微量金属离子生成螯合物，从而对促进氧化的金属离子起钝化作用。在一般情况下酚型抗氧化剂，可使用其用量的 1 / 4 ～ 1 / 2 的柠檬酸、抗坏血酸或其他有机酸作为增效剂。

注意光和热能促进氧化反应。经过加热的油脂，极易被氧化。一般的抗氧化剂，经过加热，特别是在油炸等处理下，很容易被分解或挥发。在 170℃大豆油中，BHT 完全分解时间为 90 分钟，BHA 为 60 分钟，PG 为 30 分钟。此外 BHT 在 70℃以上、BHA 在 100℃以上加热，则会迅速升华挥发。

注意隔绝氧气。采取真空密封或充氮包装等，才能更好地发挥氧化剂的作用。

注意抗氧化剂使用均匀。

（2）使用脱氧剂

所谓脱氧剂是指在食品密封包装时，同时封入能去除氧气的物质。其能除去密封容器里的游离氧和溶存氧，防止食品由于氧化而变质、发霉等，使之能够长期贮存，保持食品原有的色、香、味。

①脱氧剂。

脱氧剂有两种。一种是以连二亚硫酸盐做主剂，氢氧化钙及植物活性炭为辅剂配合制得的脱氧剂。连二亚硫酸钠作为还原剂。另一种是用铁粉作为主剂，以填充剂、水和食盐为辅剂制作的脱氧剂。该脱氧剂主要是通过铁与氧的反应除掉氧。

②脱氧剂的脱氧能力及保鲜效果。

脱氧剂可分为速效型和缓效型两种。速效型脱氧剂大约在 1 小时内能使游离氧降到 1% 以下，最终降到 0.2% 以下。至于缓效型，脱氧所需的时间为 12 ～ 24 小时。

将 57 克蛋糕放入不透气的薄膜容器，同时封入 3 克脱氧剂、200mL 空气，密封保存在温度 30℃、湿度 80% 的条件下。加入脱氧剂后，密封容器内的氧被迅速除去，4 小时内，氧的浓度降到 1.1% 以下。而未加脱氧剂的对照组，氧的浓度在 3 天后开始降低，14 天后在 9.5%，21 天时在 1.4%，该现象由霉菌消耗氧气引起。加入脱氧剂处理，在 3 周内没有霉菌发生；不加入脱氧剂，1 周后就发霉。脱氧剂作为容易发霉食品的防霉剂是有效的。

4. 糕点的贮藏管理

仓库要求卫生、干燥。室内温度不应高于 20℃，湿度保持在 65% 左右。箱子码垛，冬天空气干燥，要上下对齐，使糕点保持一定湿度，防止水分过度散发；夏天则应斜角码垛，保持空气流通，防止闷热变质。糕点因有浓郁香味，极易遭受虫害和鼠害，要注意防虫和防鼠；另外，仓库不要存放有异味和过干或过湿的物品。糕点在贮存期间，应经常检查质量情况，如发现有受潮或变质现象应及时处理，避免造成更大损失。同一种规格的糕点应堆放在一起。糕点贮存必须执行先入库先出库的原则，避免造成部分品种存放过久引起质量下降。

（二）面包老化（bread staling）和腐败

面包在保管中发生的显著变化是“老化”。面包老化后，风味变劣，由软变硬，易掉渣，消化吸收率降低，欧式面包失去表皮的酥脆感，变得像潮湿的皮革。

1. 面包老化机理

面包老化是一个复杂的现象，是面包所有成分共同作用的结果。

（1）水分移动

含水量高的面团，有延缓面包老化的作用；伴随着老化，水分也发生移动。面包在贮存过程中，内部水分向表皮浸透，表皮水分增加，内部水分减少。面包内部的水分也发生转移。面团在烘焙过程中，淀粉从面筋层中夺去水分而膨润糊化；面包在贮存过程中，淀粉链间的水分又析出转回到面筋层。

（2）淀粉的变化

淀粉的结晶化是面包老化的主要因素，随着结晶的形成，可溶性淀粉减少。

老化面包的微观结构也发生了变化。面包瓤是多孔的海绵状组织，孔壁是面筋构成的骨架。骨架内布满了有黏性的淀粉，淀粉又被面筋围绕着，只有少数淀粉粒是直接相连的。新鲜面包由于凝固面筋与糊化淀粉互相结合而不易分清其界限；而老化面包瓤中的淀粉，则观察得比较清楚，可发现在淀粉粒周围有一薄薄的空气层，面包老化越严重，气层越清晰。这说明老化面包瓤中淀粉粒的体积在缩小，而孔壁上的面筋则没有发生变化。

面包的老化是直链淀粉起主要作用。结合在直链淀粉无规则结构中的螺旋状分子吸收能量而拉长，排除水分，分子间形成氢键，进而形成结晶结构，引起聚合。但也有学者认为，直链淀粉在面包冷却过程中已经老化，其在面包贮存过程中已经与老化关系不太大了，老化是由支链淀粉回生作用引起的。

（3）淀粉以外成分的变化

面包中除淀粉以外的主要成分是面筋，面筋的变化速度比淀粉慢。一般地说，面筋含量高，老化速度慢。面包心的可溶性物质包括淀粉和戊聚糖，戊聚糖在小麦粉中含量很少，但它与面包老化亦有关。老化后，戊聚糖含量减少。

2. 延缓面包老化的措施

从热力学上来说，面包老化是自发的能量降低过程，只能延缓面包老化而不能彻底防止老化。根据面包老化的机理，人们研究出多种方法来最大限度地延缓面包老化。

（1）温度

温度对面包老化有直接关系。图 5-6 表示不同温度条件下面包硬度与贮藏时间的关系。

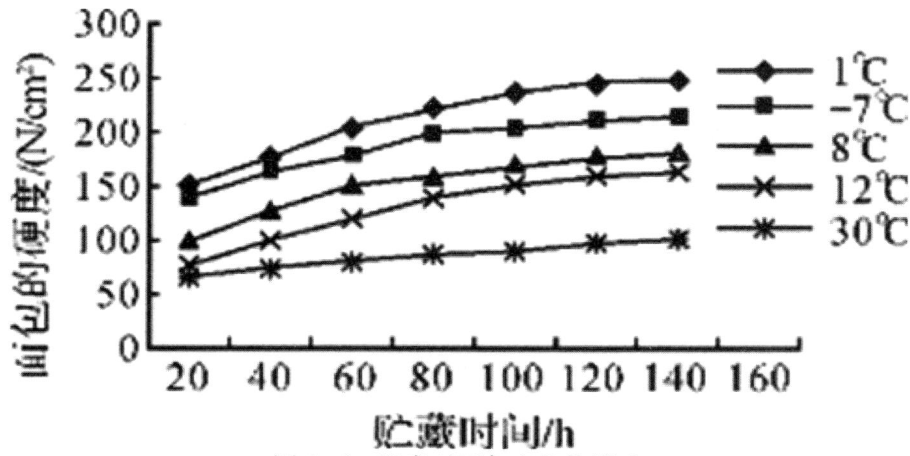

图 5–6　温度对面包老化的影响

从图可知，1℃时老化最快，随着温度升高，老化减慢，30℃时几乎呈直线关系。在最初 24 小时内的老化达 140 小时内老化的 50%。以 30℃老化为基准时，1℃的老化速度是 30℃的 2.5 倍。

冷冻是防止面包质量降低的有效方法。-7 ~ 20℃是面包老化速度最快的老化带。可使用鼓风冻结方法，用 -40 ~ -35℃的冷空气处理面包。

面包配方中使用了糖、盐，它们的冻结温度为 -8 ~ -3℃。要使面包中 80% 的水分冻结成稳定状态，至少要在 -18℃条件下贮藏。高温处理也是延缓面包老化的措施之一，温度越高，面包的延伸性越大，强度越低，面包越柔软。

（2）使用添加剂

α - 淀粉酶能将淀粉水解为糊精和还原糖，导致立体网络联结点减少，阻碍淀粉结晶的形成。但用量过大，将引起产品黏度大。小麦活性面筋和戊聚糖能起到延缓面包老化的作用。甘油脂肪酸酯、卵磷脂、硬脂酰乳酸钙（CSL）、硬脂酰乳酸钠（SSL）等表面活性物质可使面包柔软，延缓老化，增大制品体积，同时还有提高糊化温度、改良面团物性等作用。这些物质是目前世界各国广泛使用的添加剂。

（3）原材料的影响

小麦粉的质量对面包的老化有一定影响。一般来说，含面筋高的优质面粉，会推迟面包的老化时间。在小麦粉中混入 3% 的黑麦粉就有延缓面包老化的效果。

在小麦粉中加入膨化玉米粉、大米粉、α-化淀粉、大豆粉及糊精等，均有延缓老化的效果。在面包中添加辅料，如糖、乳制品、蛋（蛋黄比全蛋效果好）和油脂等，不仅可以改善面包的风味，还有延缓老化的作用，其中牛奶的效果最显著。糖类有良好的持水性，油脂则具有疏水作用，它们都从不同方面延缓了面包的老化。在糖类中单糖的防老化效果优于双糖，它们的保水作用和保软作用良好。

（4）包装

包装可以保持面包卫生，防止水分散失，保持面包的柔软和风味，延缓面包老化，但不能制止淀粉 β-化。无包装的面包水分损失主要发生在面包瓤外侧 1 厘米深处，在这个部位形成一个干燥内瓤层。在 24 小时内水分便发生了明显耗损。因此，面包采用塑料薄膜袋（聚乙烯或聚丙烯）、蜡纸、玻璃纸包装。

3. 面包的腐败

面包在保管中发生的腐败现象一种是面包瓤心发黏，另一种是表皮生霉。

（1）瓤心发黏和防治

面包瓤心发黏是由普通马铃薯杆菌和黑色马铃薯杆菌引起的。病变先从面包瓤心开始，原有的多孔疏松体被分解，变得发黏发软，瓤心灰暗，最后变成黏稠胶体物，产生香瓜腐败时的臭味。用手挤压可成团，将面包切开，可看见白色的菌丝体。

马铃薯杆菌孢子的耐热性很强，可耐 140℃的高温。面包在烘焙时，瓤心的温度在 100℃以下，部分孢子被保留下来；而面包瓤心的水分在 40% 以上，只要温度适合，这些芽孢就繁殖增长。这种菌体繁殖最适温度为 35 ～ 42℃，夏季高温季节，面包最容易发生这种病害。

马铃薯杆菌含有过氧化氢酶，能分解过氧化氢，可利用这一性质对面包进行检查。取面包瓤 2 克，放入装有 10 毫升 3% 过氧化氢水溶液的试管中，过氧化氢被分解而产生氧，计算 1 小时产生的氧气量来确定被污染程度。

预防措施：

①马铃薯杆菌主要寄生在原材料、调料工具、面团残渣及空气中。对面包所用的原材料要进行检查；对所用工具应经常清洗消毒；对厂房也应定期消毒，用稀释 20 倍的福尔马林喷洒天棚墙壁，或用甲醛等熏蒸。

②适当降低面包的 pH 值。当面包的酸度在 pH 值 5 以下时，可以抑制菌体的污染，但面包的酸度过高不受欢迎。

③使用丙酸盐类防腐剂。由于丙酸及其盐类对引起面包产生黏丝状物质的好气性芽孢杆菌有抑制效果，但对酵母菌几乎无效，国内外将其广泛用于面包及糕点类食品的防腐。用量根据国家标准。

（2）面包皮霉变和防治

面包皮霉变是由霉菌引起的。污染面包的霉菌种类很多，有青霉菌、青曲菌、根霉菌、赭曲菌及白霉菌等。霉菌孢子喜欢潮湿环境，20 ~ 35℃是它们生长的适宜温度。

初期生长霉菌的面包带有霉臭味，表面具有彩色斑点，斑点继续扩大，会蔓延至整个面包皮。菌体还可以向面包深处侵入，占满面包的整个蜂窝，以致最后整个面包霉变。

预防措施：

我国南方春季高温多雨，面包容易生霉，生产中应做到“四透”：调透、发透、烤透、冷透。这是防止夏季面包生霉的好方法，其中发透和冷透是关键。另外，对厂房、工具定期清洗和消毒。霉菌易在潮湿和黑暗的环境下繁殖，阳光晒、紫外线照射和通风换气都有预防效果。

使用防腐剂有很好效果，醋酸或 0.05% ~ 0.15% 乳酸、0.1% ~ 0.2% 丙酸盐在防霉上有良好的效果。目前，最常用防腐剂是丙酸钙、富马酸二甲酯。在同样的贮藏条件下，添加 0.1% ~ 0.2% 的丙酸盐可使面包的贮藏期延长到 16 ~ 30 天；添加适量富马酸二甲酯，可使面包在三个月内不生霉。

第三节　发酵食品贮藏

狭义的发酵是在缺氧状态下糖类的分解。广义的发酵为在缺氧和有氧条件下糖类的分解。乳酸链球菌（Streptococcus lactis）是在缺氧条件下将乳糖转化成乳酸，属于真正的发酵。纹膜醋酸杆菌（Acetobacter aceti）则是在有氧条件下将酒精转化成醋酸，严格地说，这不属于发酵而是氧化。然而，习惯上两者都被认为是发酵。某些微生物可以用来保藏食品，利用各种因素促使这些有益的微生物生长，能够抑制有害微生物生长环境的形成，预防食品腐败变质，同时还能保持甚至改善食品原有营养成分和风味。

一、食品发酵贮藏的原理

（一）发酵产物抑菌

微生物根据裂解对象分为朊解、脂解和发酵菌三种类型。朊解菌分解蛋白质及其他含氮物质，并产生腐臭味，除非其含量极低，否则食品不宜食用。脂解菌分解脂肪、磷脂和类脂物质，除非其含量极低，否则会产生败味和鱼腥味等异味。

发酵菌把糖类及其衍生物转化成乙醇、乳酸和二氧化碳等。这类产物引起人们的嗜好。从食品保藏角度来看，发酵菌如能生产足够浓度的酒精和有机酸，就能抑制许多脂解菌、朊解菌的生长活动，否则在后两者的活动下，食品就会腐败变质。

蔬菜发酵主要是乳酸发酵。乳酸菌也常常因酸度过高而死亡，乳酸发酵也因而自动停止。因此，乳酸发酵时常会有糖分残留下来。腌制过程中，乳酸累积量一般可达 0.79% ~ 1.40%。有些乳酸菌仅仅积累乳酸，称为同型发酵。还有的乳酸发酵不只是形成乳酸，还形成其他最终产物，称为异型发酵。蔬菜发酵通常用一定量的食盐，但是食盐用量较低，同时有显著的乳酸发酵。例如四川泡菜、酸黄瓜等。低 pH 值能加强 Na+ 离子的毒害作用。使用 NaCl 抑制微生物活动时，加入酸可使 NaCl 的用量显著减少。蛋白分解菌对酸的敏感性高于盐分。例如普通芽孢杆菌和马铃薯芽孢杆菌在 9% 盐液中生长迅速，在 11% 盐液中生长缓慢，但 0.2% 醋酸或 0.3% 乳酸就能抑制它们的生长。也有一些腐败菌，例如厌氧芽孢菌和需氧芽孢菌耐盐性较差，其也受乳酸菌所产生的乳酸的抑制。蔬菜在腌制过程中也存在着酒精发酵现象，其产量可达 0.5% ~ 0.7%，其量对乳酸发酵并无影响。

葡萄酒、米酒、啤酒等都是利用酒精发酵制成的产品。啤酒中的乙醇含量为 2% ~ 4%。葡萄酒为 11.5% ~ 12.5%，黄酒为 14% ~ 15.5%，日本清酒为 16% ~ 18%。这些乙醇含量都不足以抑制霉菌或不良酵母的败坏，因此需要包装和巴氏杀菌后才能长期贮藏。另外，葡萄酒充分发酵后，添加亚硫酸盐，或者通过蒸馏能进一步提高酒精含量从而达到完全抑菌效果。

醋酸发酵是醋酸菌将酒精氧化成醋酸。醋酸菌为需氧菌，因而醋酸发酵一般都是在液体表面进行。对含酒精食品来说，醋酸菌是促使酒精消失和酸化的变质菌。但是对于米醋来说，其乙酸浓度很高，能够抑制各种细菌。但是想抑制霉菌和酵母，还是需要巴氏杀菌，或添加防腐剂，或密封隔绝氧气。

（二）发酵后期菌与败坏

酸度、酒精含量、菌种、温度、通氧量和加盐量等影响着发酵食品后期贮藏中微生物生长的类型。

1. 食盐

某些乳酸菌、酵母和霉菌对适当的盐液浓度具有一定的忍受力或适应能力。需氧或厌氧芽孢菌对盐液忍受力较差，特别是脂解菌和朊解菌，会在酸和盐的互补作用下受到抑制，不过这些菌对酸比对盐敏感得多。如果耐盐的霉菌和酵母生长，以致介质中酸度下降，那么脂解菌和朊解菌就会大量生长而导致食品腐败。

常见的乳酸菌一般都能忍受 10% ~ 12% 的盐液浓度，而蔬菜腌制中出现的许多朊解菌和其他类型的腐败菌，都不能忍受 2.5% 以上的盐液浓度，当酸、食盐结合时其影响更大。因此，蔬菜腌制时加食盐对乳酸菌抑制较弱，对朊解菌和脂解菌抑制很强。乳酸菌生长和产酸后，在酸和食盐结合影响下，朊解菌和脂解菌受到更强力的抑制。腌制包心菜时其用盐量为 2.0% ~ 2.5%，低盐度有利于迅速产酸，而它的防腐作用主要依靠酸的影响，不过也有使用 5% ~ 6% 的盐液浓度的。黄瓜腌制时需要的盐液浓度高达 15% ~ 18%，其靠食盐的高渗透压防腐。制造干酪时也运用同样的原理，即在长期成熟过程中，在凝乳块中加盐量要足以控制朊解菌的生长活动。许多发酵食品常利用盐、醋和香料的互补作用以加强对细菌的抑制作用。

2. 酸度

含酸食品有一定的防腐能力，但是有氧存在时，表面常有霉菌生长，并将酸消耗掉，以致其失去防腐能力，这类食品表面就会发生脂解和朊解活动。切达干酪成熟过程就有此原因而造成缺陷。鲜乳发酵经历了乳酸球菌—乳酸杆菌—短乳杆菌的形成过程。在高酸度的环境中，乳杆菌也逐渐死亡。在乳酸发酵后期，最耐酸的乳酸菌可能并非风味良好的乳酸菌，这也会带来发酵产品的品质下降。另外如果含有氧气，耐酸酵母和霉菌开始生长，降解有机酸后，促进朊解菌和脂解菌生长，导致食品败坏。腌菜后期耐酸的短乳杆菌和表皮葡萄球菌是“胖袋”形成的主要原因。要抑制其危害需要真空包装结合巴氏杀菌或添加防腐剂和酸味剂，不但要抑制酵母和霉菌，还要抑制不良乳酸菌在产品贮藏中的危害。

3. 乙醇

乙醇具有防腐作用，防腐作用大小主要取决于其浓度。高乙醇含量的食品是酒类。酵母同样不能忍受它自己所产生的超过某种浓度的乙醇及其他发酵产物。按容积，12% ~ 15% 的发酵乙醇就能抑制酵母的生长。一般发酵饮料酒的乙醇含量仅为 9% ~ 13%，防腐能力还不足，还需进行巴氏杀菌。乙醇容易被醋酸菌氧化成乙酸，另外也容易被劣质酵母和霉菌危害。如果饮料酒中加入乙醇，使其含量达到 20%（按容积计），就不需要巴氏杀菌处理，足以防止变质和腐败，否则需要巴氏杀菌。另外葡萄酒中添加的是亚硫酸盐。

4. 氧气

霉菌是需氧性的，在缺氧条件下不能生长，故缺氧是控制霉菌生长的重要途径。酵母都是兼性厌氧菌，在大量空气供应的条件下酵母繁殖远超过发酵活动。但在缺氧条件下，是将糖分转化成酒精，进行酒精发酵。细菌有需氧的、兼性厌氧的和专性厌氧的。醋酸菌是需氧菌，制醋时在通气条件下由醋酸菌将酒精氧化生成醋酸。但通气量过大，醋酸就会进一步氧化成水和氧气。此时如有霉菌也能生长。因而制醋时通气量应当适当，同时制醋容器应加以密闭，以减少霉菌生长的可能性。乳酸菌为兼性厌氧菌，它在缺氧条件下才能将糖分转化成乳酸。因此，供氧或断氧不但可以促进或抑制某种菌的生长活动，引导发酵向着预期的方向发展，还对发酵产品贮藏有关键性影响。发酵产品都需要避免霉菌危害，因此，贮藏时都需要隔绝氧气。

5. 温度

各种微生物都有其适宜生长的温度，发酵过程的温度不但对不同微生物的比例和最终微生物种类有很大的影响，还会影响产品的贮藏性。另外，低温也是发酵食品贮藏的常用手段。例如活菌酸奶和活菌泡菜都使用低温贮藏和销售。

二、发酵食品贮藏

（一）腌菜贮藏

未开封的腌菜，贮藏性能很好。开封时如果发现品质不好，这主要是前面腌制工艺有问题，如加盐不足、隔氧不好、温度太高等。开封后腌菜很容易长霉，这是因为氧气进入后可促使霉菌生长，而原有的盐浓度和乳酸含量通常不足以抑制霉菌。因此，腌菜开封时灌入适当浓度的盐水，封盖住菜体，即可防霉。或者采用真空包装巴氏热杀菌，非热杀菌的可以添加防腐剂或酸味剂抑制微生物腐败。

（二）发酵乳（酸奶）保藏

发酵乳的乳糖通过非氧化性途径和氧化性途径生成乳酸。非氧化性途径由同型发酵乳酸菌进行，氧化性途径由异型发酵乳酸菌进行。随着乳酸含量的增加，其对发酵乳酸菌本身会产生抑制作用。所以乳酸发酵时不能将乳糖全消耗掉，通常只能消耗 20% ~ 30%。嗜热链球菌能忍受 0.8% 的乳酸，保加利亚乳杆菌和约古特乳杆菌分别能忍受 1.7% 和 2.7% 的乳酸。乳酸含量在低酸度发酵乳中通常是 0.85% ~ 0.95%，在高酸度发酵乳中通常是 0.95% ~ 1.20%，因此，使发酵乳的乳酸菌停止生长，并非依靠有机酸的抑制作用，而是将发酵乳加以冷却。冷却到 10℃左右转入冷库，在 2 ~ 7℃进行冷藏后熟。一般该过程在 12 ~ 14h 完成，其有促进香味物质产生、改善酸奶硬度的作用。这样导致发酵乳的发酵是不完全的，会带来发酵乳产品在贮藏流通中继续发酵的问题。

为了把酸奶的酶的变化和其他生物化学变化抑制到最小限度，最好在 0℃或再低一点的温度下进行冷藏，特别是长时间贮藏可控制温度在 -1.2 ~ -0.8℃。

（三）酱油的保藏

酱油属于霉菌降解豆类蛋白质，产生多种鲜味氨基酸。我们一般也认为它是发酵食品。酱油用瓶子灌装密封杀菌后保藏性良好。但是酿造企业发酵后，大量酱油需要贮藏，此时酱油容易出现微生物危害等问题。

1. 酱油生霉（生白）的原因

当气温高于 20℃时，酱油表面容易出现白色的斑点，继而加厚，形成皱膜。颜色由白变成黄褐色。

（1）与酱油的内在因素有关

天然发酵或低温长时间酿制的优质酱油，由于含有较多的醇类、脂肪酸、酯类、多种有机酸等，对杂菌有一定的抑制作用；相反酱油的质量低，本身防腐性能差，就容易生霉。其次生产发酵方面，如果发酵不成熟、加热灭菌不彻底或防腐剂添加不当（未全部溶解或搅拌不匀或添加不足），也会引起酱油生霉。

（2）受外来因素的影响

①接触的容器不干净。

②因吸收空气中的水分而降低了盐度。

③受环境的空气污染。

（3）造成酱油生霉的微生物

使酱油生霉的微生物主要是产膜酵母，如粉状毕赤氏酵母、日本结合酵母、球拟酵母属、醭酵母属。这些产膜酵母最适宜繁殖温度为 25 ~ 30℃，加热到 60℃数分钟就被杀灭。酱油虽经过加热灭菌，但在生产贮存和销售过程中常受容器及空气中微生物的污染而生霉。此类杂菌是好气性的，常在表面层生长。

2. 酱油防霉的措施

（1）加热灭菌和清洁卫生

成品经过 70 ~ 80℃加热灭菌，产膜性酵母全部被杀灭。但是酱油泵、管道、配油桶及贮油罐也有隐藏着生霉的菌落，所以要经常清洗干净，保持干燥。

（2）提高酱油质量

要保证酱油的食盐含量达到标准，同时注意保证发酵期，使用多菌种酿制的酱油含有多种醇类。天然晒露的酱油含有多种有机酸、脂肪酸、酯类等，它们具有抑制产膜酵母的能力。

（3）注意容器清洁

包装容器应该洗刷干净，保持干燥。在运输或贮存中防止雨水淋入或污染生水。

（4）正确按量使用防腐剂

防腐剂使用按照 GB 2760—2014 食品安全国家标准食品添加剂使用标准。常用的防腐剂有苯甲酸或苯甲酸钠、山梨酸和山梨酸钾、对羟基苯甲酸酯类。

3. 酱油保藏

（1）澄清

生酱油加热后随着温度的增高，逐渐产生凝结悬浮絮状物，须放置于贮油罐中，静置数日，一般 4 ～ 7 天，使凝结物及其他杂质积聚于容器底部，使成品酱油达到澄清透明的要求。

（2）贮存和包装

贮存或运输过程中必须做好密封。包装容器有瓶、坛、塑料桶等多种。瓶装酱油清洁卫生，在运输零售过程中不易受外界污染。

（四）黄酒的贮藏

坛装开封的黄酒，在夏天很容易发酸，这是由醋酸菌的发酵引起的。醋酸菌是一种好氧菌，在氧气充足且温度较高时，可将乙醇转变成乙酸而使黄酒发酸。从乙醇氧化为乙酸可分为三个阶段：先由乙醇在乙醇脱氢酶的催化下氧化成乙醛；再由乙醛通过吸水形成水化乙醛；接着经乙醛脱氢酶氧化成乙酸。

降低开封坛内氧气含量的做法并不现实，常用的方法是将开封的黄酒放入温度较低的地下室，或者装入玻璃瓶，密封后进行巴氏杀菌即可。酒厂大量的未开封的坛装酒的贮藏（也是陈酿过程），也需要置于温度较低的地下室中，否则风味较差。在贮藏温度未能得到良好的控制的情况下，黄酒并非越陈越好。

第四节　干制食品贮藏

干制就是在自然或人工控制条件下促使产品水分蒸发脱除的工艺过程。干制保藏就是使产品中的水分降低到足以防止其腐败变质的程度，并保持产品在低水分状态下长期保藏。脱水主要指人工干制。脱水包括空气脱水和油炸脱水。

一、干燥食品保藏机理

（一）水分活度（Aw）与微生物

不同种类的微生物的生长繁殖对 Aw 值下限的要求不同。细菌最敏感，其次是酵母菌，最后是霉菌。产毒需要较高的 Aw 值，例如金黄色葡萄球菌繁殖的 Aw 值下限为 0.87，Aw 值为 0.99 时可产生大量的肠毒素，当 Aw 值下降到 0.96 时产毒基本结束。另外，霉菌孢子萌发也要比营养体生长所需的 Aw 值稍高。

（二）水分活度与酶活性

Aw 值越高酶促反应速度越快，生成物的量也越多。酶的活性除与 Aw 有关外，还与水分存在的空间有关。例如淀粉和淀粉酶的混合物在其 Aw 值降到 0.70 时，淀粉就不发生分解；但在将这种混合物放到毛细管中时，Aw 值即使降到 0.46 也易引起淀粉分解，另外脂肪氧化酶、多酚氧化酶等在毛细管时活性更大。烫漂可以灭活一些酶活性，蔬菜经过烫漂的干制品比未经烫漂的能更好地保持其色、香、味，并可减轻在贮藏中的吸湿性。

（三）空隙和氧化

干燥后，食品中可能有很多微小空隙，导致酶的反应，特别是这种空隙容易导致氧气进入，促进脂肪酸等氧化，带来品质急剧下降。

（四）回潮褐变和发霉

干制品的含水量对保藏效果影响很大。一般在不损害干制品质量的条件下，含水量越低保藏效果愈好。经过烫漂的干制品吸水后产生的褐变主要是非酶褐变，而没有经过烫漂的制品，可能同时存在酶褐变和非酶褐变。如果水分过多，则可能带来霉菌生长。蔬菜干制品经过熏硫，比未经熏硫，可以保色和避免微生物或害虫的危害。另外一种护色方法是把干制品进行冷藏或冻藏。

（五）干制品的包装

干制品需要利用包装密封来防潮、遮光、防虫等。良好的包装材料和方法可以极大提高干制品的保藏效果。充氮气，加吸氧剂、吸湿剂等有利于贮藏。小包装一般选用防潮材料，例如彩印铝箔复合袋，采用抽真空充氮包装；运输大包装通用双层 PE 袋做内包装，瓦楞纸板箱做外包装，用于支撑和遮光。油炸干食品或疏松的冷冻干燥品，还加放小包干燥剂、吸氧剂等，或应用真空包装或充惰性气体包装，使包装内氧气含量降低到 2% 以下。

二、干制品贮藏

（一）植物干制品

蔬菜产品贮藏时应尽量降低其水分含量，当水分含量低于 6% 时，则可以大大减轻贮藏期的变色和维生素损失。反之，当含水量大于 8% 时，则大多数种类的保藏期将因之而缩短。果品干制品因组织厚韧，可溶性固形物含量高，多数产品干制后可以直接食用，其含水量较高，通常在 10% ~ 15%，也有高达 25% 左右的产品。

1. 预处理

有的蔬菜干制品在包装前需要进行回软处理、防虫处理、压块处理等，这些处理有利于保藏。

（1）回软

回软也称均湿，或水分平衡，将干制品堆积在密闭的室内或容器内进行短暂贮存。需要回软 1 ~ 3d。干制后的产品各部分所含的水分并非均匀一致，贮藏时需使干制品内部水分均匀一致，此时干制品变软。

（2）防虫

干制品常有虫卵混杂其间，尤其是采用自然干制的产品。干制品经包装密封后处于低水分状态，虫卵颇难生长，但随着包装破损，昆虫可能就会侵袭干制品。为了防止干制品遭受虫害，可采用以下两种方式防虫：①低温杀虫，使用 -15℃以下的低温处理产品；②热力杀虫，高温加热数分钟。

（3）压块

有些干制品体积膨松，而体积很大不利于包装运输。在产品不受损伤的情况下，可压缩成块以缩小体积，这称为压块。压块还可降低包装袋内氧气含量，有利于防止氧化变质。为防止压碎，在压块前常需要用蒸汽加热 20 ~ 30s，促使软化，从而降低破损率。如经蒸汽处理后水分含量超标时，则可与干燥剂贮放一处，例如生石灰，经 2 ~ 7d 则可降低水分含量。

干制品应贮藏在低温、干燥、避光的环境中。贮藏温度愈低，保持干制品品质的时间就愈长。贮藏温度最好为 0 ~ 2℃。在 10 ~ 14℃时，贮藏效果都比较好。贮藏环境的空气愈干燥愈好，其相对湿度应在 65% 以下。干制品的包装材料如不遮光，则要求贮藏环境必须避光，否则会降低其 β - 胡萝卜素的含量，加深产品褐变程度。

贮藏干制品的库房要求干燥、通风良好、清洁卫生，且有防鼠设施。堆码时留有空隙和走道，以利于通风和管理操作。

2. 干菜贮藏

干菜贮藏时需要防潮、防虫蛀。产品用聚乙烯薄膜包装，高档的用镀铝复合薄膜包装，还可以在包装内封入干燥剂。蔬菜干菜、海产干海苔和一些干燥的调味菜等都属低水分食品。微生物在这样低的水分活度下难以生长繁殖，充氮除氧气调包装，有利于保持产品原有的颜色，防止脂质氧化和防虫。

3. 茶叶贮藏

茶叶贮藏主要问题是清香散失，绿茶色泽变褐色。茶叶需要防潮、遮光、防氧化和防串味。传统用陶罐，加生石灰吸水。现代低档茶叶多用聚乙烯或聚丙烯薄膜包装。中高档茶叶多用镀铝复合薄膜密封包装，复合薄膜内层不能用胶水胶粘（防止串味）。珠形茶叶常用真空包装，针形或片状茶叶不能抽真空包装，否则茶叶容易折断，常直接密封，或充 N_2 密封，外部再使用马口铁易开罐或非密封罐。

4. 炒熟干果贮藏

炒熟干果富含脂肪和蛋白质，大多数含水分很少，例如香榧、山核桃、瓜子等，应考虑防潮、防虫蛀、防油脂氧化。采用高阻隔的包装材料，如金属罐、塑料罐、玻璃瓶等，也有用镀铝复合薄膜袋真空或充气包装。也有的炒货含水分很高，例如板栗，其仅适合短期贮藏，或用塑料薄膜真空密封包装后，采用辐射杀菌后长期贮藏。

（二）动物干制品

1. 干制肉贮藏

干制肉贮藏时其主要变质原因是吸潮霉变、脂肪氧化和风味变化等。主要通过真空包装等保护产品，要求隔氧防潮，防止光线照射导致油脂氧化。干制肉主要有腊肉和烟熏肉。前者有一定的酱油等成分，有一定辅助防腐作用；后者的烟熏成分有一定辅助防腐能力。烟成分中所含石炭酸和煤酚、醛类具有防腐性。但是这些产品主要还是靠干制防腐。

2. 干制水产品贮藏

干制水产品主要有乌贼鱼干、鱿鱼干、虾米、海参等，其水分含量很低，蛋白质含量很高，易遭受微生物的侵染而霉变，需要干制到很低水分后，再结合包装来贮藏，一般用聚丙烯薄膜密封包装防潮。有些含有较高脂肪，容易氧化变质，采用镀铝复合薄膜真空或充 N_2 包装。

（1）低水分水产食品

鲣节等干制品属于低水分食品，细菌在这样低的水分活度下难以生长繁殖。在这种情况下用气调包装的主要目的就是保持水产品原有的颜色和防止脂质氧化。用 N_2 来包装鲣节和煮干品，可以避免鲣节虫和粉螨虫类的害虫，在除去氧气只留下 N_2 的情况下这些虫就不能存活了。N_2 包装还可以防止食品氧化，尤其是对鲣节。因为作为商品的鲣节一般都削得很薄，使其表面积增大许多，增加了与氧接触的机会，易发生褐变，产生哈喇味而失去商品价值。用 N_2 包装可以贮藏很长时间而无不利影响。

（2）水分稍多的半干制品

鱼干、贝干、鱿鱼丝等使用除氧包装，对于易发生褐变的它们来说，用亚硫酸盐处理再用充 N_2 包装，可防止变色，使用充 CO_2 包装防止氧化变色效果会更好，也不会带来涩味。因为半干食品水分含量低，CO_2 很难溶于水生成碳酸，且一般还要再加热，加热后碳酸会自行挥发。目前为了风味更好，一些鱼干含水较高，需要结合冷冻贮藏。例如幼鳀鱼干、竹荚鱼干、煮干品、鱿鱼丝等都是半干制品。为了防止氧化、变色，使用除去 O_2 的包装更易发生褐变，但用亚硫酸处理后，再用 N_2 包装就可以防止变色。对于半干制品用 CO_2 包装效果会更好。如竹荚鱼干利用气调包装能明显抑制脂质氧化和褐变，尤其是使用 CO_2 的包装，抑制细菌增殖的效果十分明显，普通含气包装的竹荚鱼仅保存 6 天，而使用 CO_2 包装的可保鲜 20 多天，其对幼鳀鱼干也有同样的效果。

（3）高水分的水产制品

对于像鱼糕、烤鱼卷等高水分水产制品来说，利用气调包装可以防止细菌性的腐败变坏。例如新鲜烤鱼卷只可保鲜 $_2$ 天，若用 CO_2 包装，则可以保鲜 6 天；鱼糕的保鲜期为 4 天，使用气调包装后可保鲜 8 ～ 9 天。

第五节　高盐和高糖（高渗透压）食品贮藏

一、高盐食品保藏

让食盐渗入食品组织内，降低它们的水分活度，提高它们的渗透压，借以有选择地控制微生物的活动和发酵，抑制腐败菌的生长，从而防止食品腐败变质，保持它们的食用品质，这样的保藏方法称为腌渍保藏。其制品则称为腌渍食品。盐腌的过程称为腌制，其制品主要有腌菜、腌肉等。

蔬菜腌制品有两类，非发酵性和发酵性的腌制品。非发酵性腌制品，属于高盐保存品，几乎没有乳酸发酵。有一些水果也用高盐腌制，但并非直接提供给消费者食用，而是作为制蜜饯和果脯的原料。这类腌制品称为腌胚。

腌制是鱼肉类食物长期以来的重要保藏手段。现在冷库和家用冰箱已经普及，腌制品已成为膳食中调剂风味的菜肴，不再作为重要保藏手段进行生产。例如咸肉、咸黄鱼、金华火腿、风肉、板鸭、咸蛋等就属于腌制品。

（一）食盐保藏食品机制

1. 食盐抑制微生物细胞的原理

（1）高渗透压

1% 浓度的食盐溶液可以产生 6.1 个大气压的渗透压，而大多数微生物细胞的渗透压为 3 ～ 6 个大气压。一般认为食盐的防腐作用是在它的高渗透压。食盐形成溶液后，扩散渗透进入食品组织内，从而降低了其游离水分，提高了结合水分及其渗透压，从而抑制了微生物活动。

（2）脱水作用

食盐溶解于水后就会离解，并在每个离子的周围聚集一群水分子。水化离子周围的水分聚集量占总水量的百分率随着盐分浓度的提高而增加。在20℃时，食盐溶液达到饱和程度时的浓度为26.5%。微生物在饱和食盐溶液中不能生长，一般认为这是微生物得不到自由水分的缘故。

（3）单盐毒害

微生物对钠离子（Na+）很敏感。当Na+达到一定浓度时，就会对微生物产生抑制作用。Na+能和细胞原生质中的阴离子结合，产生毒害作用。其毒害作用也可能来自氯离子。

（4）抑制酶活

微生物分泌出来的酶活性常在低浓度盐液中就遭到破坏。盐液浓度仅为3%时，变形菌（Proteus）就会失去分解血清的能力。

（5）局部缺氧

盐水会显著减少溶氧量，形成缺氧环境，此时需氧菌难以生长。

2. 盐液浓度和微生物的关系

盐液浓度在1%以下时，无抑菌作用。当浓度为1%～3%时，微生物仅受到暂时性抑制。当浓度高达10%～15%时，大多数微生物会停止生长。大部分杆菌在浓度10%以上盐液中就不再生长。有些嗜盐菌在高浓度盐液中仍能生长，盐液浓度至少可在13%。细菌中只有极少数是耐盐菌，如小球菌、嗜盐杆菌、假单胞菌、黄杆菌、八叠球菌和明串珠菌。厌氧芽孢菌和需氧芽孢菌耐盐性较差。球菌的抗盐性较杆菌强。非病原菌抗盐性一般比病原菌强。有人研究31种病原菌，发现在10%盐液浓度中没有一种菌能生长，肉毒杆菌也不例外。当盐液的浓度达到20%～25%时，绝大部分微生物都停止生长。但是酵母、霉菌只有在20%～30%盐液浓度中才会受到抑制，在所有酵母中抗盐力最强的为圆酵母。很多菌种在肉组织和高浓度盐水交界处尚能生长。细菌在浓盐液中虽不能生长，但常没有死亡，再次遇到适宜环境时仍能恢复生长。

3. 食盐的质量和腌制食品的关系

食盐中常混杂有嗜盐细菌、霉菌和酵母。低质盐，特别是晒盐，微生物的污染极为严重，腌制食品变质常由此引起。精制盐经高温处理，微生物含量要低得多。

（二）高盐食品的贮藏

1. 咸菜

咸菜含盐量很高，能够抑制细菌繁殖和乳酸发酵。短期腌菜色泽呈绿色，长期腌菜色泽变黄。其一般结合真空包装，抑制霉菌和酵母危害。为了长期销售，还需要进行 85℃下的 10 分钟巴氏杀菌。

2. 高盐畜禽品

红色肉的腌肉制品会涉及变色问题。肉类用高盐腌制时，保持缺氧环境将有利于避免褪色。当肉类中无还原物质存在时，暴露于空气中的肉表面的卟啉色素就会因为氧气的氧化而分解，出现褪色现象。另外，有氧气会导致长霉褐变。用无氧充填工艺，将腌肉包装在氧气透过率很低的塑料薄膜容器中，有利于贮藏。

含盐量较低的生香肠，产生微生物腐败的可能性很大，可以采用 CO_2 充气包装，或用含聚偏二氯乙烯的复合薄膜包装后，贮藏于 4℃以下。

咸蛋之类还是不足以仅靠盐保藏，一般需要真空包装和巴氏杀菌后贮藏。

3. 高盐水产品的贮藏

食盐溶液的高渗透压，在一定程度上抑制细菌等微生物的活动和酶的作用。结合包装，可以防止水分的渗漏和外界杂质的污染。高盐水产品如咸鱼、海蜇大多散装出售，一般用木材或塑料制成的桶、箱包装，木制容器可内衬一层塑料袋以提高抗渗透性能。咸鱼还经常结合干制，晒干保存和出售。

二、高糖食品保藏

糖类食品通过渗透的机制来抑制微生物的活动。抑制作用由可溶性固形物的总浓度和体系的渗透压（低水分活度 Aw）组成。高糖食品主要有蜜饯、果脯、果冻、果酱、巧克力、甜炼乳等。

（一）高糖食品保藏原理

1. 高糖食品水分状况和水分活度

糖渍制品中，糖与水分在果蔬组织由纤维与半纤维素构成的毛细管网状结构中以溶液状态结合，其结合形式分三种：一是以单层水分子与溶质紧密吸附，其结合力最强；二是以结合水的多层水分子接近溶质，相互以氢键结合，其中包括部分直径小于 1μm 的毛细管水，其结合力稍强；三为游离水，其聚集在直径较大的毛细管和纤维上，结合力微弱。果蔬糖渍制品中，水分的结合状态以第二种为主，因而其含水量易受到外界空气的相对湿度变化的影响，有时会吸湿回潮，使含水量增加，有时会干燥返砂，使含水量有所减少。糖渍制品 Aw 一般为 0.1 ～ 0.8。

水分活度（Aw）是溶液中水蒸气分压（P）与纯水蒸气压（P0）的比值：

Aw=P ／ P0

2. 高糖食品中的微生物

大多数糖渍环境属于 pH 比 4.5 稍低的酸性环境，所以除乳酸菌及醋酸菌以外，其他细菌不易生长繁殖。

从果蔬带入的微生物中，以酵母菌为多。一般酵母菌繁殖必需的 Aw 为 0.95 ～ 0.85，耐渗透压酵母繁殖的最低 Aw 范围为 0.70 ～ 0.65，其能使酵母在 80% 浓度的糖液中生长。这也是因为高浓度糖液常因表面吸湿，而在表面形成一薄层较低浓度的糖液层，酵母即在此繁殖。在越稀的糖液中，酵母菌的繁殖越快。但繁殖速度受温度的影响也很大。许多酵母菌在 4℃以下易受到抑制。

霉菌在糖溶液中发育较慢，能在发潮的糖块表面及糖渍制品表面生长发育，其中常见的有青霉属、交链孢霉属、芽枝霉属、葡萄孢属、卵孢霉属。这些霉菌多属耐干燥性霉菌，适宜繁殖的最低 Aw 范围为 0.75 ～ 0.65，对糖渍制品的危害较大。

（二）成品保存

1. 坚持标准水分

果蔬糖渍成品暴露于不同的空气相对湿度之下，会有不同程度的吸湿或干燥现象。吸湿的结果，将降低成品的保存性，损坏成品品质。而干燥的结果，虽对成品的保存性与货架寿命有利，但影响糖渍制品特有的柔软、细腻、松酥等。

2. 防腐剂使用

高糖食品加工过程中可能有微生物危害，所以此时可能已经添加防腐剂，例如使用亚硫酸盐护色和抑菌，亚硫酸盐对乳酸菌、醋酸菌及霉菌的抑制力比对酵母强，故用于抑制酵母时需要较高浓度。要注意防止成品二氧化硫残留量超标。防腐剂使用种类和使用量按照 GB 2760—2014 食品安全国家标准食品添加剂使用标准 7。如果使用防腐剂难以达到防腐要求，考虑适当干燥，或降低 pH 值。

3. 包装保藏

高糖食品要利用包装防潮，阻止蜜饯和糖果等吸收外界水分，这样才能有效抑制长霉。另外，果酱、果冻等加热灭菌后，也需要包装防止二次污染。

4. 加热灭菌

含糖量较低的食品，可以结合加热灭菌。溶液的 pH 值低于 4.5 的，可在 90℃下加热 10 ～ 30 分钟。

第六节　罐制食品贮藏

生产上罐头企业的食品贮藏主要涉及两方面：一是原料贮藏，二是产品贮藏。原料贮藏难度更大。

一、罐头食品的原、辅料保藏

一些用作罐头的食品原料十分新鲜，例如鱼贝类肉质中水分多，易受损伤，易产生化学变化，同时也易遭细菌的入侵，故处理应该及时，鱼体应避免受压，避免阳光直射等。屠宰的畜肉很快进入僵直期，此时肌肉 pH 值下降，肉体收缩并发硬，风味较差，故用作罐头的原料肉应选择经过了僵直期，进入成熟期的畜肉。而水果类，则应选择处于坚熟期的果实，因为未成熟的果实酸度过高，风味物质积累太少，过熟的果实则易腐烂，造成损失。

除少数品种采用新鲜加工外，大部分都要进行保藏后再供加工。动物原料大多采用冻结冷藏或低温保藏；植物性原料则采用低温贮藏或气调保藏，有些原料如蘑菇、刀豆等还要先用化学方法保鲜护色保藏。一些辅料也分别采用干燥保藏或密封保藏。

二、罐制产品的败坏

传统上使用金属罐和玻璃瓶。近来也常使用纸质罐、塑料罐、复合软包装罐头。罐头制品在制造后的贮藏和流通过程中，也存在两方面问题：一是罐头食品内部出现败坏或品质下降，二是罐头包装出现损坏问题。

（一）罐头内食品败坏

1. 微生物败坏

可能是杀菌强度不够（例如温度处于杀菌锅中冷点），或者密封不足，导致罐头出现微生物腐败。

2. 果汁褪色

光线对花色苷等色素有分解作用。用玻璃瓶装果汁常存在褪色。

3. 氧化败坏

花生酱的油脂含量较高，容易氧化而引起酸败，并产生哈喇味。番茄酱调味料容易变质、变味，需用高阻气性包装材料进行包装。用大瓶或大罐包装，开封后食用过程容易氧化，一次性食用的小包装，其复合薄膜隔绝氧气较弱，两者都应该加入适量的抗氧化剂，才能有较长的贮藏期和食用期。

（二）包装的问题

1. 铁罐存在生锈问题

金属罐有镀锡铁罐和涂料镀锡铁罐、铝罐，镀铬铁罐应用较少。铁罐一般是三片罐，因接缝处经过辊压，涂料和镀锡层受损，贮藏一定时间后，内壁常出现生锈。如果外界湿度高或接触水分，外壁接缝也会生锈。

2. 塑料复合袋损坏

在用水产品生产软罐头（如熏鱼产品）时，原料中的骨、刺等尖锐组织去除够干净，可能戳穿包装袋。中式肉制品常用镀铝复合软包装，经过高温（121℃）杀菌处理，在加热后冷却阶段，如果反压不足，则可能导致铝层断裂。这些可能带来后续的食品败坏。

3. 纸质罐和塑料罐的密封缺陷问题

塑料罐的罐身一般由丙烯腈塑料喷射吹塑成型，罐盖采用铝材或铁皮，在封罐机上卷封，也有使用复合膜封盖。塑料罐常用于果汁、果酱、果冻等热罐装食品。纸质罐常用于罐藏某些干制食品及果汁等，使用塑料、薄金属或镀铝纸盖。有时会发现罐盖和罐身的密封不良，导致贮藏中果汁等腐败。纸质罐还存在挤压造成损害问题。

第七节　半成品贮藏和熟食保鲜贮藏

半成品和熟食的贮藏与新鲜食品不同，一般利用合适的包装，并结合加热灭菌，添加化学防腐剂、吸氧剂、吸水剂、抗氧化剂等技术辅助保藏。现在网络销售的很多土特产都是半成品或熟食产品。

一、粮食制品贮藏

（一）谷类制品

谷类制品有纯谷类制品和含油谷类食品。纯谷类制品包含水较少的干面条、干米线，半干的年糕、糕点，以及含水较高的湿面条、米粉、凉皮等。含油谷类食品包含水分很少的方便面、酥饼、香糕、酥糖、蛋卷，含水分较高含油较少的糕点、蛋糕、奶油点心，以及含有大量油脂的油炸糕点。

1. 干制的谷类制品

干制的谷类制品通过包装来防潮、防灰尘污染即可。一般用聚乙烯或聚丙烯薄膜密封包装。

2. 半干的谷类食品

半干的谷类食品需要添加化学防腐剂和真空包装来储存。例如年糕用聚酯薄膜包装，加热灭菌后存放。家庭的年糕也常保存在水中，防止其过分失水崩裂，并隔绝氧气防止发霉，但是常有轻微的发酵和变酸，如果结合防腐剂则效果会更好。

3. 高含水的谷类食品

高含水的谷类食品不易保存，一般临时贮藏，可以使用低温、隔绝氧气、添加化学防腐剂等方法。

4. 含油低的含水谷类制品

该制品贮藏时需要防潮吸水，其次是隔绝氧气防止油脂酸败。其主要通过阻隔氧气和含水分很高的包装来实现，有的结合抗氧化剂，或吸氧剂，或吸水剂，有的结合真空或气调技术。有的谷类制品容易破碎，需要装入片材容器或充氮气来抵抗挤压。

5. 含水分较高的含油糕点

该类糕点容易霉变，容易失水变干、变硬，容易氧化串味。其在贮藏时选用高隔绝氧气的复合薄膜，配以真空或充气包装技术。常用化学防腐剂或吸氧剂来防止发霉。

6. 油炸糕点

油炸糕点油脂含量极高，极易引起氧化酸败而导致色、香、味劣变，甚至产生哈喇味。其贮藏关键是防止氧化酸败，其次是防止油脂渗出包装材料造成污染而影响外观。一般采用高阻隔包装材料，结合真空或充氮气包装，封入脱氧剂。

（二）豆制食品包装

豆制食品主要有低水分的腐竹、千张、豆豉、豆乳粉，半干燥的豆腐干，高水分豆制品或呈液体状的豆奶、豆腐、腐乳等。

1. 低水分豆制品

低水分豆制品包装时需要防潮、防止吸水霉变。一般用塑料膜或复合膜包装。有些产品添加酒精或防腐剂。豆乳粉的贮藏和包装与奶粉基本相同，采用复合软塑包装。

2. 半干燥的豆制品

半干燥的豆制品一般采用复合塑料真空包装，高温灭菌后贮藏。也有一些临时贮藏，利用冰点以上低温和化学防腐剂保存。

3. 高水分豆制品

嫩豆腐十分容易破碎，利用聚丙烯盒装包装防破碎。腐乳装在玻璃瓶中呈保护块状。添加防腐剂，或适当加热灭菌，密封防外界细菌、微生物的侵入。豆奶按照牛奶方法保存。除了腐乳添加盐和防腐剂较多，能长期保存，另外的都是短期贮藏。

二、肉制品贮藏

肉制品除了干制品、腌制肉外，主要还有熟肉制品、肠类制品、调味肉制品等。

熟肉制品包括中式肉制品和西式肉制品。许多中式产品包装后需高温杀菌处理，要求包装材料能耐 121℃以上的高温。常用金属罐或复合薄膜真空包装高温杀菌后贮藏。西式肉制品常用阻隔氧气强的热收缩膜包装后，为防止氧的渗入发生氧化作用，再用 90℃热处理。另外一种方法是不进行热杀菌，装浅盘后，覆盖一层透明的塑料薄膜拉伸裹包，或用收缩膜热收缩包装后，低温临时贮藏。

灌肠类肉制品的保藏方法与肠衣有关。

（一）天然肠衣

天然肠衣动物的消化器官或泌尿系统的脏器经自然发酵除去黏膜后腌制或干制而成。灌制品经烘烤、煮制、烟熏后其长度一般会缩短 10% ~ 20%。因为来源于动物，贮藏性差，所以需要低温和化学防腐贮藏。

（二）人造肠衣

人造肠衣包含纤维素肠衣、胶原肠衣、塑料肠衣和玻璃纸肠衣。其中胶原肠衣是由动物皮胶质制成的肠衣。肠衣会因干燥而破裂，也会因湿度过大而潮解化为凝胶，因此相对湿度应保持在 40% ~ 50%；胶原肠衣易生霉变质，应置于 10℃以下贮存。其他纤维素肠衣制品贮藏性能较好。特别是塑料肠衣，耐高温也耐低温，常用于蒸煮或烘烤，也可以用于低温贮藏。

调味肉制品有新鲜预调理肉类、预制肉类菜肴、肉酱制品等。对于预调理肉，采用冰点以上低温临时贮藏，结合使用食品添加剂，配合抑制微生物生长和保持水分。预制肉类菜肴一般采用盒装后，冷冻贮藏。肉酱制品常含有较多的食用油，多采用玻璃瓶等罐制后保存。

三、水产制品贮藏

水产制品主要是干制、腌制。但是还有其他制品，例如鱼松、鱼香肠、熏鱼、鱼糕、鱼糜丸、生鱼片等，产品差异大，保藏方法也不同。

（一）鱼松

原料经预处理后蒸煮取肉、压榨搓松、调味炒干而成鱼松，其保藏期长，但是含油高，需要通过包装隔绝氧气，以及添加抗氧化剂。鱼松怕吸水，制品含水量控制在12% ~ 16%，贮藏中要保持水分含量。一般采用高阻隔性复合膜包装进行保藏。

（二）鱼香肠（或鱼火腿）

鱼香肠由于鱼肉经过了破碎等工序，增加了组织中的微生物数量，含水高，极易腐败变质。一般采用冷冻贮藏，另外采用真空包装加热灭菌使其成为软罐头熟食。

（三）熏鱼、鱼糕等水产熟食品

这类产品极易腐败变质，需要真空包装并在封装后加热杀菌，制成金属罐头和软罐头。散装的一般需要冷冻或冷藏。

（四）生鱼片、鱼糜制品、鱼籽等高水分食品

高水分食品一般采用气调包装。新鲜烤鱼卷可保鲜 2d，用 CO_2 包装可保鲜 6d。鱼糕保鲜期是 4d，用气调包装可保鲜 8 ~ 9d。用高浓度 CO_2 包装生鱼片会产生发涩的感觉。

四、蛋制品贮藏

蛋制品主要有再制蛋（松花蛋、咸蛋、糟蛋）、熟制蛋、冰蛋、蛋粉等制品。松花蛋、咸蛋、糟蛋都是缺少加热或经低程度加热灭菌，直接销售给大众，而冰蛋和蛋粉一般作为半成品用于食品工业后续生产。

（一）再制蛋

再制蛋有较强的抗败坏能力，例如松花蛋、咸蛋一般结合真空包装或结合巴氏灭菌，防止真菌就可以了。糟蛋中的酒精和有机酸有较强防腐作用，装罐后，辅助加热灭菌，阻隔外源微生物污染就可以保存。

（二）熟制蛋

熟制蛋包括真空包装或散装的茶叶蛋等。前者按照软罐头制作和保存，后者只是临时性保存。

（三）冰蛋

冰蛋有冰全蛋、冰蛋黄、冰蛋白、巴氏杀菌冰蛋。其灌入马口铁罐或衬袋盒中速冻，或速冻后脱模，再用塑料薄膜袋或纸盒包装，在 -18℃以下冻藏。

（四）蛋粉

蛋粉是蛋液经喷雾干燥制得的产品，极易吸潮和氧化变质。采用金属罐或复合软包装防潮和隔氧，并防止紫外线的照射。其贮藏技术类似奶粉。

五、乳制品贮藏

奶类食品主要包括鲜奶、奶粉、炼乳、酸奶、冰淇淋、奶油、奶酪等。其贮藏保鲜方法有较大差异。

（一）鲜奶

鲜奶采用杀菌和包装来解决贮藏问题。例如巴氏灭菌乳，采用玻璃瓶或复合塑料袋等包装杀菌后，可以贮藏几天。而超高温（UHT）杀菌奶，采用灭菌和无菌灌装后，保质期可达 8 个月以上。

（二）酸奶

酸奶具有酸性，有较强的抑制细菌生长能力，但是霉菌、酵母和一些耐酸细菌还是容易繁殖的。需要隔绝氧气防止发霉和抑制酵母生长，并结合低温贮藏。要求包装隔绝氧气能力强，例如用玻璃瓶、铝箔复合材料包装。

（三）奶粉

奶粉容易吸收水分，引起溶解性下降，气味变化，产生非酶褐变反应等，但是一般不会有微生物危害，因此需要防止受潮（吸水过多会引起细菌危害）、脂肪氧化，避免紫外光的照射。脱脂奶粉的水分含量需要降到 4%。全脂奶粉的水分含量需要降到 2.8% ~ 3.3%。要求包装对水蒸气密封性能非常高。用复合奶粉袋包装保存期限为 9 ~ 12 个月，而使用金属罐保质期为 2 年。

（四）奶酪

奶酪主要成分是蛋白质，常见的是干酪，虽然水分较低，但需要含有一定水分才有较好口感，因此奶酪容易发霉和酸败。这类产品要求隔绝氧气和吸收水分。干酪一般在熔融状态下，用塑料盒真空包装，可结合充氮气包装。短时间存放的奶酪可用单层塑料薄膜热收缩包装。

（五）奶油

奶油脂肪含量很高，极易发生氧化变质，也很容易吸收周围环境中的异味。其主要通过包装或结合抗氧化剂来良好贮藏。包装要求使用阻氧气好、耐油的包装材料，例如玻璃瓶、聚苯乙烯容器，用含铝复合膜封口。

第八节　保健食品功能成分的保持技术

保健食品是指声称具有特定保健功能或者以补充维生素、矿物质为目的的食品，即适宜于特定人群食用，具有调节机体功能，不以治疗疾病为目的，并且对人体不产生任何急性、亚急性或者慢性危害的食品。保健食品生产过去是审批制，2016 年 7 月 1 日后，改成注册和备案制，按照《保健食品注册与备案管理办法》施行。

一、以功能成分为基础的保健食品

保健食品的功效成分／标志性成分在产品保质期内，需要保持一定含量。功效成分专属性强，与产品所述功能密切相关。标签标注为总黄酮含量的保健食品，所标注的总黄酮既是标志性成分也是功效成分；如果标注的是芦丁含量，其是标志性成分，但可能只是功效成分总黄酮中的一种代表性成分。保健食品的功效成分有多糖、多肽、多酚、黄酮、皂苷、硫苷、甾醇、不饱和脂肪酸、生物碱、萜烯等。另外还有维生素类和矿物质类补充剂。标志性成分如总黄酮或芦丁、总皂苷或人参皂苷、萝卜硫苷等物质往往并不稳定。而很多保健食品的保质期常为 2 年，因此，需要阻止功效成分／标志性成分的降解。这一般通过两种方法来达到。一是采用合适的制剂方法。包间内产品形式有软胶囊、硬胶囊、片剂、口服液、粉剂等。容易氧化并且有异味的脂类功能成分物质，一般做成软胶囊，从而隔绝氧气。有苦味等不良味道或容易被胃酸分解的功能成分物质，常用硬胶囊套装。在液体中稳定，但是容易被氧化的水溶性的功能成分物质采用口服液方式，液体中不稳定的功能成分物质一般采用片剂和粉剂方式。片剂对于保存功能成分比粉剂更有效，而且单位重量片剂的有效成分往往比粉剂更高。二是采用合适的包装。对于容易吸水降解的物质，例如萝卜硫苷，不但要使其产品水分含量极低，还要采用阻隔水分极强的镀铝膜或含 PVDC（聚偏二氯乙烯）、PVAL（聚乙烯醇）之类的膜密封阻隔水分，结合塑料或玻璃瓶再次密封。对于容易被氧化的功能成分，例如多酚，采用金属镀铝膜密封，结合塑料或玻璃瓶再次密封包装。对于对紫外线敏感的功能成分，例如鱼肝油，采用绿色塑料瓶包装。

二、菌类保健食品

菌类保健食品主要有细菌和真菌两类。

细菌主要以益生菌的形式应用于保健食品。益生菌类保健食品指能够促进肠道菌群生态平衡，对人体起有益作用的微生态产品。益生菌菌种是人体正常菌群的成员，可利用其活菌、死菌及其代谢产物制造保健食品。可用于保健食品制造的细菌有 10 种，其中有 5 种双歧杆菌、4 种乳酸菌、1 种链球菌。

利用活菌作为功效成分的保健食品，不提倡以液态形式生产益生菌类保健食品活菌产品。其在保质期内活菌不得少于 106cfu / mL（g）。对活菌一般采用冷冻干燥技术制备冻干粉进行保藏。

以死菌或其代谢产物为主要功能因子的保健食品，需要提供功能因子或特征成分的名称，一般都是有机物成分，其功能成分含量也需要检测。其贮藏按照保存功能成分的方法进行。

可用于保健食品的真菌有 11 种，其中有 4 种酵母、2 种虫草菌丝体、3 种灵芝类、2 种红曲霉类。4 种酵母中只有酿酒酵母在保健食品中得到实际应用，其有活菌形式和转化产物酵母硒等应用。红曲霉类也只有红曲霉在保健食品中有实际应用，利用其产生的红曲色素。虫草菌丝体和灵芝类都是利用其产生的代谢产物。由真菌活菌或其提取物制备的保健食品，其功效成分的保护类似细菌。

参考文献

[1] 纵伟，张华，张丽华主编 . 食品科学概论 第 2 版 [M]. 北京：中国纺织出版社 , 2022.03.

[2] 李红，张华主编 . 食品化学 第 2 版 [M]. 北京：中国纺织出版社 , 2022.03.

[3] 李先保，吴彩娥，牛广财编 . 十四五普通高等教育本科部委级规划教材 食品加工技术与实训 [M]. 北京：中国纺织出版社 , 2022.01.

[4] 李兢思 , 李俊欣 , 付佳佳 . 冷冻干燥技术及其在食品加工行业的应用 [J]. 食品安全导刊 ,2022,(34)：151-153，158.

[5] 廖凯 , 沈选举 . 高压技术及其在食品加工中的应用 [J].E 动时尚 (科学工程技术),2019,(8).

[6] 阚建全 . 食品化学 第 4 版 [M]. 北京：中国农业大学出版社 , 2021.11.

[7] 贾春晓，赵建波 . 现代仪器分析技术及其在食品中的应用 第 2 版 [M]. 北京：中国轻工业出版社 , 2021.08.

[8] 臧学丽，李宁主编；徐易，范琳，张天竹副主编 . 实用发酵工程技术 第 2 版 [M]. 北京：中国医药科技出版社 , 2021.07.

[9] 李其晔 . 辐照技术在食品加工中的应用研究 [J]. 现代食品 ,2022,(3)：95-97.

[10] 刘元法，陈坚作 . 未来食品科学与技术 [M]. 北京：科学出版社 , 2021.06.

[11] 吴兴壮，杜霖春作 . 乳酸菌及其发酵食品 [M]. 北京：中国轻工业出版社 , 2021.05.

[12] 尹永祺，方维明 . 食品生物技术 [M]. 北京：中国纺织出版社 , 2021.04.

[13] 罗登林主编 . 膳食纤维加工理论与技术 [M]. 北京：化学工业出版社 , 2020.11.

[14] 李凤梅主编 . 食品安全微生物检验 [M]. 北京：化学工业出版社 , 2020.10.

[15] 郝贵增，张雪编 . 食品添加剂 [M]. 北京：中国农业大学出版社 , 2021.03.

[16] 卢立新作；陈卫总主编 . 食品科学前沿研究丛书 食品包装传质传热与保质 [M]. 北京：科学出版社 , 2021.03.

[17] 杨荣武主编 . 基础生物化学原理 [M]. 北京：高等教育出版社 , 2021.03.

[18] 邹小波，赵杰文，陈颖作 . 现代食品检测技术 第 3 版 [M]. 北京：中国轻工业出版社 , 2021.01.

[19] 尹乐斌作 . 休闲豆制品加工副产物的开发与利用 [M]. 北京：中国纺织出版社 , 2021.01.

[20] 夏延斌，钱和，易有金主编 . 食品加工中的安全控制 第 3 版 [M]. 北京：中国轻工业出版社 , 2020.12.

[21] 王淼主编 . 食品生物化学 第 2 版 [M]. 北京：中国轻工业出版社 , 2020.12.

[22] 杜克生 . 食品生物化学 第 2 版 [M]. 北京：中国轻工业出版社 , 2020.12.